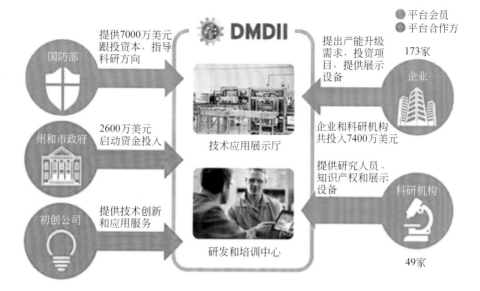

图 6.1 美国 DMDII 的运作模式

科 技 创 新 与 科 技 强 国 丛 书

# 科技服务赋能先进制造
## 深度融合与模式创新

徐贵宝　王　瑞　丁维龙
陈　鹏　贺　毅　徐　亭 / 编著

清華大學出版社
北 京

# 内 容 简 介

本书在重点研发计划项目"先进制造业分布式科技服务技术集成研发与示范"（项目编号：2019YFB1405100）支持下，旨在分析我国先进制造业发展需求，探究先进制造业与科技服务业融合发展的机制，总结国内外先进制造业科技服务融合发展经验，并对上述项目提出的一种新型先进制造业科技服务融合发展模式——"面向国家战略的供需协同生态共建模式"和一种新型先进制造业科技服务平台融合发展模式——"中介（技术经纪人）驱动的科技服务平台双循环运营发展模式"进行全面展示，提出我国打造自主可控、创新活跃、精准高效、国内国际协同的生态群落的思路，形成全面提升我国先进制造业科技创新能力、解决"卡脖子"技术问题、研发出"牛鼻子"产品的解决方案。

本书兼具科学性和实践性，既可以为先进制造业和科技服务等领域的政府工作人员提供产业发展决策思路，也可以为广大科技工作者提供科研参考，同时也可作为高等院校先进制造、科技服务、社会科学和管理科学专业的高年级本科生和研究生教材或教学参考书，还可供对先进制造业、科技服务业感兴趣的读者阅读参考。

**图书在版编目（CIP）数据**

科技服务赋能先进制造：深度融合与模式创新 / 徐贵宝等编著. -- 北京 ：清华大学出版社，2024.11. --（科技创新与科技强国丛书）. -- ISBN 978-7-302-67613-3

Ⅰ. TH16

中国国家版本馆 CIP 数据核字第 2024T3W423 号

**责任编辑**：白立军　常建丽
**封面设计**：刘　乾
**责任校对**：韩天竹
**责任印制**：曹婉颖

**出版发行**：清华大学出版社
　　　　　网　　　址：https://www.tup.com.cn，https://www.wqxuetang.com
　　　　　地　　　址：北京清华大学学研大厦 A 座　　　　邮　　编：100084
　　　　　社 总 机：010-83470000　　　　　　　　　　邮　　购：010-62786544
　　　　　投稿与读者服务：010-62776969，c-service@tup.tsinghua.edu.cn
　　　　　质量反馈：010-62772015，zhiliang@tup.tsinghua.edu.cn
　　　　　课件下载：https://www.tup.com.cn，010-83470236
**印 装 者**：大厂回族自治县彩虹印刷有限公司
**经　　销**：全国新华书店
**开　　本**：185mm×230mm　　　　印　　张：9.5　　插　页：1　字　　数：199 千字
**版　　次**：2024 年 11 月第 1 版　　　　　　　　　　印　　次：2024 年 11 月第 1 次印刷
**定　　价**：69.00 元

产品编号：100962-01

# "科技创新与科技强国丛书"出版说明

科技是国之利器。建设世界科技强国不仅重要，而且复杂，唯有创新才能抢占先机。当前以人工智能、大数据、互联网、数字孪生、新材料、新能源等颠覆技术为基础的新一轮技术变革使人类进入创新爆发时代。

"科技创新与科技强国丛书"包括首批规划出版的《科技与创新改变世界》《智能时代的科技创新——逻辑与赛道》《科技创新的战略支撑——关键核心技术与新型研发共同体》《能源革命与碳中和——创新突破人类极限》《科技创新与社会责任》，以及正在规划中的《科技服务赋能先进制造——深度融合与模式创新》《科技简史——从中国到世界》《创新联合体——战略科技力量与关键核心技术》《科学基金与科学捐赠——推动科技进步与人类发展》《科学原创——从科学原创到产业集群全链融合》《科技创业家——科技创新与产业创新深度融合》《链长制——产业链与创新链融合发展》《数实融合——高质发展与内涵增长》《AI大模型——算力突围与行业应用》《科技创新之路——案例、路径与方法》等。

本丛书由SXR科技智库上袭创新联合体理事长徐亭及国际应用科技研究院院长薄智泉担任总策划，薄智泉院长担任总编审，丛书在策划立项与组织编写过程中，得到了编委会顾问邬贺铨院士（中国工程院院士、中国互联网协会原理事长、中国工程院原副院长）、赵沁平院士（中国工程院院士、教育部原副部长）、干勇院士（中国工程院院士、中国工程院原副院长）、陈清泉院士（中国工程院院士、香港大学荣誉讲座教授）、褚君浩院士（中国科学院院士、复旦大学教授）、王中林院士（中国科学院外籍院士、爱因斯坦世界科学奖得主、中国科学院北京纳米能源与系统研究所创始所长）、薛其坤院士（中国科学院院士、南方科技大学校长）、黄维院士（中国科学院院士、俄罗斯科学院外籍院士、美国工程院外籍院士、西北工业大学学术委员会主任）、唐本忠院士（中国科学院院士、香港中文大学（深圳）理工学院院长）、谭建荣院士（中国工程院院士、浙江大学教授）、陈纯院士（中国工程院院士、浙江大学教授）、贺克斌院士（中国工程院院士、清华大学教授）、王金南院士（中国工程院院士、生态环境部环境规划院院长）、何友院士（中国工程院院士、海军航空大学教授）、杨善林院士（中国工程院院士、合肥工业大学学术委员会主任）十五位院士联袂推荐。本丛书还得到了联合国科学和技术促进发展委员会主席、世界数字技术院理事长彼特·梅杰；世界数字技术院执行理事长、联合国数字安全联盟理事长、乌克兰工程院外籍院士李雨航；第十三届全国政协常委，国际核能院院士、中国科协原党组副书记、副主席张勤；中华人民共和国科学技术部原党组成员、第十一届全国人大教科文卫委员会委员吴忠泽；以及中国上市公司协会会长、中国企业改革与发展研究会会长宋志平；中企会企业家俱乐部主席、深圳国际公益学院董事会主席马蔚华；第十二届全国政协常委、中国石油化工集团公司原董事长、党组书记傅成玉；福耀玻璃集团创始人、董事长曹德旺；海尔集团董事局主席、首席执行官周云杰；360公司创始人、董事长兼CEO周鸿祎等的大力支持。

本丛书分别从三个不同的角度，全面诠释科技创新与科技强国的重要意义。首先是"高度"，从国际视野的高度分析了整体科技的格局，比较了核心科技领域的状况，揭示了科技战略的规划，反映了我国在科技方面的理论创新和实践创新。其次是"宽度"，从全面科技领域及实践的宽度对颠覆科技领域进行了分析，对重大科技工程进行了介绍，对未来科技领域进行了展望。最后是"深度"，从科技创新理论和实践的深度对分散的相关理论进行了梳理，对实践中的规律进行了理论总结和提升，对科技创新理论的进一步发展提出思考空间。

本丛书从科技创新理论和实践的相互作用、从成熟科技到未来科技的逻辑、从现有成果总结到未来面临的挑战，形成环环相扣的"启发价值"。这三个"价值"将对科技强国带来巨大冲击，全面提升读者乃至全社会对新时代科技创新规律的认知水平和对科技创新实践的管理能力，给广大读者带来一场关于创新的知识盛宴！对国家科技战略和科技人才的培养有重要意义。

科技是第一生产力，创新是一个民族的灵魂，是建设现代化经济体系的战略支撑，也是实现高质量发展的必由路径。科技人员是科技创新的主体，"科技创新与科技强国丛书"为科技人员量身打造。本丛书通过重点关注科技人员和科技工作者关心的一些热点问题，涵盖了目前科技创新的方方面面，如对科技场景的深入分析，包括结合颠覆科技人工智能、大数据、云计算、区块链、边缘计算、数字孪生、虚拟现实、元宇宙等，为读者展示了智慧时代、共享时代、数字时代典型应用场景的商业模式及创新要点。

那么，本丛书的价值主要体现在哪些方面呢？

第一，较高的体系价值与学术价值。首先是"体系价值"，作为一套丛书，形成一个完整知识体系非常重要。本丛书从科技创新理论、创新力培养、创新力实践、各种科技场景以及社会责任等方面创造了完整的知识体系，在很大程度体现了"体系价值"。其次是"学术价值"，本丛书对创新理论进行了全面梳理，对科技场景进行了深入分析。同时，总结了创新管理和创新力培养的实践指南,提出了构建综合创新生态系统的思路和模式,全面梳理了新型研发共同体的特征和核心领域。

第二,核心的教育价值和创新实践价值。本丛书由院士担任编委会主任和名誉主任,核心作者有的来自高校,有的来自研究院,有的来自产业界,阵容强大、权威,他们长期从事科技创新的教学、研究和实践工作,保证图书内容的系统性和实用性。对创新既有理论研究,又有产业实践,使学校的创新和创业课不但能够做到有很好的理论支持,而且有很好的实践指导,能够很好地做到产学研融合,达到产学研的深度合作和交流。

第三,关键的科普价值和启发价值。本丛书从科技创新管理、广泛的科技实践等方面进行了科普,无论是管理类人员还是各个不同领域的科技人员都会感到既熟悉又新鲜,具有很强的"科普价值"。丛书从不同角度列举了多个创新案例,提出了多个创新方案,研究了多个创新模式,并加以分析,启发思考,具有"启发价值"。如果希望将"创新"发挥到极致,那就必须从"启发"开始。

第四,深远的国家战略意义。通过对创新理论和创新体系的全面梳理,为个人创新、企业创新指明了方向,通过个人创新和企业创新推动国家创新,从而为科技强国做贡献。

本丛书策划的初心主要是为实现其社会效益。内容涉及科技创新、科技合作、科技成果转化和科技向善,有系统性、实用性、科普性和启发性。读者通过阅读这套丛书,可以提升对科技创新的认识,自觉地宣传和承担社会责任。相信本丛书在激发新时代科技人才创新,以及服务国家战略等层面均将产生积极、深远的影响。希望广大读者发扬创新精神,加强创新意识,提升创新力,成为在科技时代能够不断寓意创新的重要的贡献者,用科技与创新改变世界。

2023 年 8 月

# "科技创新与科技强国丛书"编委会名单（排名不分先后）

# "科技创新与科技强国丛书"序 1

　　近年来,全球很多国家都在大力发展科技创新,科技创新是国家核心竞争力的体现,也是推动经济社会发展的重要引擎。在过去几十年里,中国科技创新取得了巨大的成就,从基础研究到应用技术,从学术界到企业界,都涌现出了一大批优秀的科学家和创新企业。然而,我们也要看到科技创新面临的挑战和问题。一方面,中国科技创新仍然存在着与发达国家相比的差距,特别是在核心技术领域。另一方面,科技创新还需要更好地与经济社会发展相结合,解决实际问题,推动产业升级和转型。为了回应这些挑战和问题,SXR 科技智库上袭公司、国际应用科技研究院、同济大学和清华大学出版社等单位共同牵头出版了这套"科技创新与科技强国丛书",意义重大,影响深远。

　　我非常高兴受徐亭理事长和薄智泉院长邀请,担任"科技创新与科技强国丛书"顾问和编委会主任。作为多国科学院院士,我深感科技创新对于国家发展的重要性,本丛书从多个角度探讨科技创新的重要性、现状和未来发展方向。例如《科技与创新改变世界》一书,立足国际视野,展望未来科技领域,对全球科技创新格局进行了深入分析,为科技创新理论的完善与发展开拓了思考空间。从科技理论和实践的相互作用切入、构建成熟技术,到未来科技的发展逻辑框架、遵循现有成果总结,再到未来面临挑战的探索思路,本书循序渐进、环环相扣、阐幽显微、极具启发性,为广大读者奉上了一场丰富而精彩的"书香盛宴"。本丛书中的《能源革命与碳中和——创新突破人类极限》《科技服务赋能先进制造——深度融合与模式创新》《智能时代的科技创新——逻辑与赛道》《科技创新的战略支撑——关键核心技术与新型研发共同体》,都是从产业变革与场景革命的高度梳理了新一轮产业革命的重点成就和未来趋势,既具有科普性、启发性、前瞻性,也具有核心的教育价值和创新实践价值,更具有深远的国家战略意义,特别是能够很好地做到产学研融合,达到产学研的深度合作和交流。

　　本丛书正在规划中的《科技服务赋能先进制造——深度融合与模式创新》《科技创新与社会责任》《科技创新之路——案例、路径与方法》《科学原创——从科学原创到产业集群全链融合》《创新联合体——战略科技力量与关键核心技术》《链长制——产业链与创新链融合发展》《科技创业家——科技创新与产业创新深度融合》《科学基金与科学捐赠——推动科技进步与人类发展》等在组织编写的新书,深入研究当前科技创新的热点、难点、痛点、卡点和关键点,既从发展趋势和应用前景进行规划和分析,也充分关注到科技创新与经济社会发展的关系,探索如何更好地将科技创新成果转化为经济效益和社会福祉,极具创新思路,也比较务实,为广大读者了解中国科技创新的现状和未来发展提供了有益的参考。

人是科技创新最关键的因素,创新的事业呼唤创新的人才。国家科技创新力的根本源泉在于人。一个又一个举世瞩目的科技成就的取得,靠的是规模宏大的科技人才队伍。而科技人才的培养,离不开重视科技、重视创新的教育。科技创新过程中,需要弘扬科学家精神和学风建设,要求大力弘扬胸怀祖国、服务人类的奉献精神,勇攀高峰、敢为人先的创新精神,追求真理、严谨治学的求实精神,淡泊名利、潜心研究的进取精神,集智攻关、团结协作的协同精神,甘为人梯、奖掖后学的育人精神。牢记前辈们的殷殷嘱托,接过科技创新的接力棒,传承科学家精神,胸怀"国之大者",不单是广大科技工作者的责任,也当是教育工作者的责任和育人的基本遵循。

不创新,不发展科技,企业就会难以在竞争环境中生存;国家就会落后,甚至失去真正主权。因此,通过个人创新和企业创新推动国家创新,从而为科技强国做贡献。希望本丛书能够成为广大读者了解科技创新的重要渠道,激发更多人投身科技创新的热情,共同推动科技创新和科技强国目标实现。

科技创新是民族振兴、社会进步的基石,科技报国、强国有我,让我们共同努力。

黄维

中国有机电子学科、塑料电子学科和柔性电子学科的奠基人与开拓者

中国科学院院士、俄罗斯科学院外籍院士、美国工程院外籍院士

西北工业大学学术委员会主任

# "科技创新与科技强国丛书"序 2

当前的国际经济形势对经济增长的动力带来挑战，同时也为科技与创新引领的新产业、新业态和新模式等带来机会。解决经济跨周期问题、克服企业的困难、在国际市场竞争中取胜，都要靠"创新"，而且是"有效创新"。因此，人们需要了解创新的体系，认识创新的底层逻辑，这样才能把握有效创新的重要方面。

首先，了解创新的体系对"有效创新"至关重要，虽然关于"创新"的介绍很多，但是很难找到将"创新"体系化的。本丛书将创新首次进行了全面分类，给读者呈现了一幅创新导图，在完整梳理创新过程的同时，将创新类型与创新过程的关系进行了清晰的展示，提出创新过程模型选择的具体方案，对"有效创新"具有实际的指导意义。

其次，认识创新的底层逻辑是"有效创新"的重要基础。创新活动会产生知识，而创新活动也需要知识要素的投入，创新本质上是一项复杂而系统的、以知识资源为核心的创造活动。从知识的相互转换及知识管理的底层逻辑，本丛书对"创新的模式"进行了深入浅出的分析，系统地阐述了科技成果的转化。从政府、企业、教育及科研机构、第三方技术服务、资本和中介机构六方面说明了科技创新和各方面的关系。科技创新通常被视为一个纯粹的市场化活动，为了持续创新，需要建立一个创新联合体，将政府、企业、高校和科研机构等各方力量凝聚起来，形成一个协同创新的生态系统。高校和科研机构应加强基础和前沿技术的研究，培养更多的科技创新人才，为科技创新的发展提供有力支持。企业应加强与高校和科研机构的合作，共同开展科技研发和技术转移，实现科技成果的产业化和商业化。丛书中对科技成果转化成功典范"硅谷模式"的总结成为精彩的点睛之笔。

著名的管理学大师德鲁克讲过，"未来商业的竞争，不再是产品的竞争，而是商业模式的竞争。"在科技快速发展的当下，商业模式变得越来越重要，而且商业模式也成了创新最活跃的领域之一，不仅新创立的公司需要认真设计商业模式，运营中的公司也要根据市场发展、行业竞争、新产品和服务的推出，以及科技和经济环境的变化进行调整，以确保企业的核心竞争力。企业不是为了创新而创新，而是为客户创造价值而创新，要在商业模式上动脑筋，学会在价值链或价值网中思考问题，通过改变商业模式的构成要素或组合方式，用不同以往的方式提供全新的产品和服务,不断提高价值创造能力和盈利水平。商业模式创新虽然看起来没有高科技,但却创造了很高的商业价值。而且颠覆科技的发展,商业模式的创新更是推陈出新。丛书中的《科技与创新改变世界》详细总结了 20 种类型的商业模式并介绍了把握商业模式的创新时机,是重要的商业实战指导材料。《链长制——产业链与创新链融合发展》更是从产业链和创新链的深度融合,将模式创新拔高到产业链的维度。

经过 30 多年的基层管理到大型企业的领导工作,在一些创新方面获得一定成功尝试,深刻体会到创新的重要和不易。本丛书对科技创新丰富翔实的介绍和分析,既提供了扎实的理论基础,包括创新图谱、创新过程、创新战略、创新管理、创新力培养、社会责任和创新范式的思考,又展示了丰富的创新场景,包括能源革命与碳中和、智慧时代、共享时代、数字时代、新材料、生命科学甚至未来科技。丛书逻辑清晰,分析透彻,兼具理论性、实用性、科普性和启发性,读之受益匪浅,是对广大管理人员及各行从业者非常友好的工具书。

宋志平

中国上市公司协会会长

中国企业改革与发展研究会会长

# "科技创新与科技强国丛书"序 3

世界经济论坛主席克劳斯·施瓦布说,第四次工业革命将颠覆几乎所有国家的所有行业。这也使得科技与创新在国家发展和企业竞争中上升到了前所未有的战略高度。

习近平总书记在二十大报告中指出,必须坚持科技是第一生产力、人才是第一资源、创新是第一动力,深入实施科教兴国战略、人才强国战略、创新驱动发展战略,开辟发展新领域新赛道,不断塑造发展新动能新优势。

立足于时代大背景,着眼于国家战略,清华大学出版社出版"科技创新与科技强国丛书",从国际视野分析了整体科技的格局,并从全面科技领域及实践的宽度对颠覆科技领域进行了分析,对重大科技工程进行了介绍,对未来科技领域进行了展望。更可贵的是,丛书对实践中的规律进行了理论总结和提升,对科技创新理论的进一步发展提出思考空间。这套丛书既有顶级院士、学者的前沿力量研究支持,又有产业管理者的鲜活实践加持,很好地做到产学研融合,为无论是个人创新还是企业创新提供了启发。

关于技术与创新的关系,战略专家凯翰·克里彭多夫提出了这样一个观点:最伟大的创新都是概念的创新,而非技术本身的创新。他认为,当我们开始思考概念转变是如何推动技术发展,并开始了解改变演变的方式时,我们就能更好地理解创新是如何发生的。

概念或者是理念的提出或革新让我们对认识事物、认识世界、理解世界趋势形成了一种新共识。这种新共识将推动我们对技术形成新的理解,进而推动技术变革,并应用到更新的领域,为人们的美好生活、为社会的发展、为人类的进步创造价值。

创新的概念最早是熊彼特定义的,他认为创新就是建立一种新的生产函数,也就是说把一种从来没有过的关于生产要素和生产条件的"新组合"引入生产体系。而这种创新被认为是企业家的特质和职能。德鲁克对创新则定位为"创新就是创造一种新资源"。但他不再将"创新"归结为仅是企业家个体的行为,而是提出"每个人都是自己的 CEO",也就是每个人都是创新的主体。

物联网时代是一个"流动的时代"。对企业而言,用户的需求是不确定的、时刻变化的。只有让人人都创新,才能为科技持续和更深刻的创新提供源源不断的动力,才能为用户提供持续迭代的最佳体验。

而这也需要企业从理念到机制上全面创新的支持。

海尔正在全面推进向物联网生态的转型,这是一个自理念到机制、到技术全面转型和创新的系统性工作。自创业开始海尔便明确的"人的价值最大化"宗旨在今天更凸显出其价值和意义。我们推进了从小微到链群合约生态的组织变革,搭建了让人人都有机会成为创业家的平台,释放了每个人的自主创新意识。链群中每个节点围绕用户的体验迭代,围绕用户的美好生活自主创新、迭代升级。也正因如此,海尔在智慧住居生态和产业互联网生态等赛道上无论是从技术创新,还是体系变革,乃至在带动产业转型方面都取得了一些成果。这也让我们对科技与创新改变世界有了更深刻的理解。

诺贝尔经济学奖获得者埃德蒙·菲尔普斯说,万众创新是经济增长和社会活力的源泉。让人人都创新,让人人都成为自主创新的主体,会带来更美好的世界。

周云杰

海尔集团董事局主席、首席执行官

# FOREWORD
## 前　言

　　制造业发展水平是一个国家实力的直接体现,先进制造业作为经济竞争的先导产业,直接影响一个国家的国际地位和话语权,需要不断吸收电子信息、计算机、机械、材料,以及现代管理等方面的高新技术成果,并将这些先进制造技术综合应用于制造业产品的研发设计、生产制造、在线检测、营销服务和管理的全过程,以实现信息化、自动化、智能化、柔性化、生态化生产。

　　总览当前世界上的所有国家,不难发现,发达国家都是制造业发展好的国家,同时也是科技服务业非常发达的国家,先进制造业与科技服务业携手打造了这些国家的领先优势,持续拉大与其他国家之间的距离。而且,以美国为首的发达国家集团还屡次利用科技霸权,不择手段对后发展国家进行打压。我国就是深受其害的国家之一。

　　为有效推动我国科技服务的发展,打造强大先进制造业,科技部2019年11月设立了重点研发计划项目"先进制造业分布式科技服务技术集成研发与示范",着力总结和集成以往科技服务业相关重点研发计划项目所取得的成绩和成果,研究适合我国国情的先进制造业科技服务发展模式,打造先进制造业科技服务基础设施,探索从国家层面协同调动整个社会的力量,促进我国先进制造业高质量发展。

　　本书围绕先进制造业科技服务融合发展问题,讲述科技服务业、先进制造业,以及两业融合发展的相关基础知识、技术研究、产业发展等内容,并提出若干新型科技服务关键技术与模式,对先进制造业科技服务融合发展模式选择和相关平台构建与运营具有极大的指导意义。

　　本书共11章,内容包括科技服务业概述、科技服务运营模式、科技服务技术概述、先进制造业概述、先进制造业与科技服务融合、国外先进制造业科技服务发展现状与效果分析、先进制造业科技服务生态群落、新型科技服务技术、面向国家战略的科技服务供需协同生态共建模式、以中介(技术经纪人)驱动的科技服务平台双循环运营发展模式和结束语。

　　本书是重点研发计划项目"先进制造业分布式科技服务技术集成研发与示范"(课题编号:2019YFB1405100)项目组整体智慧的结晶,项目相关课题负责人和研究骨干徐贵宝、王瑞、丁维龙、陈鹏、贺毅等为本书的编写做出了卓越贡献。中国科学院软件中心张杰、赵赛，中国信息通信研究院李丰硕、魏佳园、刘胡骐、徐渊、董子毓、于青平、郭宇欣等参与了内容完善与审校等工作。SXR科技智库上袭公司创始人及理事长、中国民协元宇宙工委联席会长徐亭研究员和清华大学出版社白立军老师对本书的成功出版并纳入"科技创新与科技强国系列丛书"发挥了巨大作用。

在本书的编写过程中得到科技部高技术研究发展中心现代服务业处张金国处长、国家科技评估中心科技成果与技术评估部武思宏副部长（主持工作）和陶鹏副部长、中国科学院软件技术研究所原总工程师胡晓惠教授、北方工业大学数据工程研究院副院长赵卓峰教授和云计算研究中心副研究员杨冬菊教授、国家科技图书文献中心数据研究管理中心常务副主任张建勇研究馆员等专家、领导的指导，也得到本专项项目牵头单位、各课题牵头单位，以及各参与单位诸多领导和同事的关心和支持，在此表示衷心感谢。

编　者

2024 年 8 月

CONTENTS

# 目　录

# 第 1 章

# 科技服务业概述

## 1.1 科技服务与科技服务业的概念

科技服务业是我国在 1992 年发布的《关于加速发展科技咨询、科技信息和技术服务业意见》文件中首次提出的概念。该文件指出:"科学技术是第三产业的重要组成部分,是咨询业、信息业和技术服务业等新兴行业的主体与依托。……我们要在进一步搞好科技工作,为第三产业提供科技支撑的同时,抓住当前的有利时机,大力发展与科技进步相关的各种服务行业。近期要重点发展科技咨询业、科技信息业和技术服务业为主的新型服务行业,为促进第三产业与整个国民经济的发展做出应有的贡献"。

随着信息技术的快速发展,科技服务业在促进技术创新和产业升级、提高企业的竞争力和国际竞争力、推动经济发展和社会进步等方面发挥出的作用越来越显著,我国对科技服务业的重视程度也在不断提高。2014 年 10 月底,我国国务院发布《关于加快科技服务业发展的若干意见》,在"重点任务"一节中提出"重点发展研究开发、技术转移、检验检测认证、创业孵化、知识产权、科技咨询、科技金融、科学技术普及等专业科技服务和综合科技服务,提升科技服务业对科技创新和产业发展的支撑能力",并对上述任务进行了逐项细致的阐述,对科技服务业的行业范围进行了界定。2015 年 4 月 15 日,我国国家统计局正式发布《国家科技服务业统计分类(2015)》,将科技服务统计正式纳入我国统计体系。《国民经济行业分类》(GB/T 4754—2017)中又专门增加了科技服务业的行业分类。随着科技服务行业的不断发展和壮大,该行业逐渐成为国民经济中的重要组成部分。

虽然在上述文件中提出了科技服务业的概念,但也只是把科学技术作为一种服务内容,并指出其包括了科技咨询服务、科技信息服务和技术服务等类型,并没有给出科技服务,以及科技服务业的确切内涵和外延。因此,在我国提出科技服务业的概念之后,陆续有国内外的专家学者对科技服务业的内涵与外延进行研究。典型的观点认为,科技服务业是指运用科学技术和科学方法,为科学技术研发、技术创新、成果转化、产业升级、企业管理等提供专业服务的行业。这些服务主要涉及科技研发、创新咨询、工业设计、知识产权保护、信息技术、检测认证等领域。但截至目前,对科技服务和科技服务业还没有一个统一的定义,而且随着科学技术的发展,科技服务和科技服务业的内涵也在不断变化之中。

概括前人的研究成果,我们认为,科技服务是指以科学知识或技术为核心,向社会各层次的产业或机构提供服务,促进社会和企业科技进步。科技服务主要包括科学研究、专业技术研发、技术推广、科技信息交流、科技培训、技术咨询、技术孵化、技术市场、知识产权、检测认证、科技评估和科技鉴定等活动。科技服务业运用现代科技知识、现代技术和分析研究方法,以及经验、信息等要素向社会提供智力服务,以知识和技术为主要依托、以经济效益和社会效益为主要目标、为各类创新主体提供上述专业服务的产业,是现代服务业核心内容之一。

## 1.2 科技服务业总体发展趋势分析

科技服务业主要是围绕科学和技术提供服务,具有极高的人才聚集度、知识密集度,也是最具创新性的行业。当前,云计算、大数据、人工智能、物联网、区块链、工业互联网等新一代信息通信技术陆续成熟,"互联网＋"技术加速向各行各业渗透,并与实体产业深度融合,科技服务显示出服务对象范围广、服务渠道宽、服务手段灵活、服务效率高等特点,使得这些实体产业资源配置进一步优化,生产效率大大提高,为它们带来极高的技术含量和附加值。伴随着新一代信息通信技术发展的浪潮,近年来科技服务业得到大幅发展,产生了诸多新业态、新模式,呈现出鲜明的发展趋势。从内容角度看,科技服务正在向大数据化、多样化、多元化发展。从技术角度看,科技服务正在向个性化、协同化、智能化发展。从载体角度看,科技服务正在向网络化、移动化、跨平台发展。从服务角度看,科技服务正在向定制化、互联化、O2O发展。

## 1.2.1　科技服务内容发展趋势

### 1. 大数据化

数据历来是科技咨询和科技信息服务的重点内容之一。随着科技服务的发展,数据的数量与种类积累得越来越多,科技咨询和科技信息服务交付的成果也从文字、图片到多媒体等,文件大小从起初的几千字节到如今几百兆字节甚至几吉字节,最终促进大数据技术诞生。

大数据的起源可以追溯到 20 世纪 90 年代,当时的一些企业开始意识到他们的数据量正在迅速增加,并且这些数据可用于更好地了解客户、预测市场趋势和优化业务运营。在近几年中,随着技术的发展和数据采集、存储、处理和分析技术的进步,大数据已经成为一个炙手可热的领域。在我国,2014 年以来成立的以大数据作为经营范围的企业超 30 万家,2021年数据产量达 6.6ZB,中共中央、国务院于 2020 年 4 月在发布的《关于构建更加完善的要素市场化配置体制机制的意见》中,将"数据"与土地、劳动力、资本、技术并称为五种生产要素。

大数据可以通过多种方式为科技服务业赋能。一是提高效率。大数据分析可以帮助科技服务企业更快速地处理大量数据,提高运营效率。二是降低成本。通过对数据进行分析和挖掘,科技服务企业可以更好地了解客户需求,降低成本,提高利润。三是提升服务质量。大数据可以帮助科技服务企业更好地了解客户需求,提供更精准的服务,提升服务质量。四是加速创新。大数据分析可以帮助科技服务企业更好地了解市场趋势,加速创新,提供更符合市场需求的产品和服务。五是扩大市场。大数据可以帮助科技服务企业更好地了解市场需求,扩大市场,提高市场份额。总之,大数据可以为科技服务业提供更高效、更低成本、更好的服务质量和更大的市场机会。同时,大数据的应用还可以促进科技服务企业的创新和发展。因此,科技服务企业积极拥抱大数据。

### 2. 多样化

科技服务内容正在向多样化发展。首先,科技服务种类繁多。在国务院印发的《关于加快科技服务业发展的若干意见》(国发〔2014〕49 号)中提出要重点发展的科技服务就分为研究开发、技术转移、检验检测认证、创业孵化、知识产权、科技咨询、科技金融、科学技术普及 8 大类专业科技服务和综合科技服务。其中,研究开发服务包括多种形式的应用研究和试验发展活动;技术转移服务包括技术交易、技术转移集成、科技成果转化、技术进出口和高新技术成果交易会、中试和技术熟化等服务;检验检测认证服务包括计量、检测技术研究、检测装备研发,以及面向设计开发、生产制造、售后服务全过程的观测、分析、测试、检验、标准、认证等服务;创业孵化服务包括创业教育、创业、创新创业大赛等服务;知识产权包括知识产权代理、法律、信息、咨询、培训,以及知识产权分析评议、运营实施、评估交易、保护维权、投融资等服务;科技咨询服务包括科技战略研究、科技评估、科技招投标、管理咨询等科技咨询服务,竞争情报分析、科技查新和文献检索等科技信息服务,以及工程技术解决方案等工程技术咨询服务;科技金融服务包括科技保险、科技担保、知识产权质押、天使投资、创业投资等服务;科学技术普及包括科技馆、博物馆、图书馆等公益性科普服务,模型、教具、展品等相关衍生服务,各类出版机构、新闻媒体等科普传媒服务。

### 3. 多元化

科技服务内容的多元化主要体现在以下两方面。一是服务学科多元化。当前正处于学科交叉融合的热点阶段,如生物学、材料学、信息科学等不断交叉融合,尤其是新一代信息通信技术与农业、制造、交通、医疗等各行各业深度交叉融合,成为技术发展的主要趋势。产业界的多学科交叉融合需求也决定了科技服务内容必须是多元化的综合服务。二是投资服务多元化的特征逐渐显现。我国现阶段鼓励企业建立多元化的资金投入体系,拓展科技服务企业融资渠道,从政策层面引导银行信贷、创业投资、资本市场等加大对科技服务企业的支持,支持科技服务企业上市融资和再融资,以及到全国中小企业股份转让系统挂牌,鼓励外资投入。

## 1.2.2 科技服务技术发展趋势

### 1. 个性化

科技服务的本质就是满足用户的科技创新发展需求,每一次创新都具有相对唯一性,因此企业的科技服务需求会因其所在的行业、规模、发展阶段、发展重点等方面的不同而不同,加上在新一代信息通信技术的推动下,新技术、新产品、新服务、新模式和新业态不断产生,标准化的科技服务已经无法满足这些需求。这就决定了科技服务企业在提供科技服务过程中,必须全面考虑客户的实际需求,尽可能为客户提供满意的服务,个性化科技服务技术势在必行。服务模式也是科技服务的重要内容之一,有些用户希望科技服务企业能够提供远程服务,有些希望上门服务,有些希望在线服务,不一而足。互联网的广泛覆盖率也让远程服务和在线服务等便捷服务模式成为用户的首选,"互联网+"技术大大提高了科技服务的时效性。据统计,2022 年年底,我国 5G 网络实现重点乡镇和部分重点行政村覆盖,农村地区互联网普及率超过 60%。可见,用户未来完全可以在任何时间、任何地点、通过多种终端获得科技服务,科技服务业的个性化将会更加明显。

### 2. 协同化

在当前和今后较长一段时间内,疫情频发、逆全球化、局部战争和冲突不断,市场竞争环境日益复杂。在这种情况下,企业的科技服务需求往往是多方面的,可能涉及技术、市场、法律、知识产权、金融等多个领域,单靠一家科技服务企业根本无法提供一套完整的解决方案。因此,需要科技服务机构结合自身的实际情况,更加注重以客户为中心,整合科技服务资源,强化专业化分工合作,通过协同运作的方式,为客户提供高效、优质、集成化的科技服务。

科技服务技术协同趋势还体现在以下几方面。一是科技服务行业正在向专业化发展。随着各行各业的发展,产业链环节也越来越多,各个领域的专业分工越来越细化。例如,在科技咨询领域,会有专门从事战略咨询、业务咨询、财务咨询等不同方面的专业人士。二是科技服务与其他产业融合发展。科技服务行业与其他产业的融合越来越紧密。例如,在医疗领域,科技服务公司不仅提供医疗技术服务,还可与医药企业、保险公司等其他产业进行合作,为患者提供更全面的服务。三是科技服务新业态不断出现。随着科技的不断发展,科技服务业的形态不断变化。例如,在互联网科技领域,不仅有传统的科技服务公司,还出现了一些新兴的科技企业,如云计算、大数据、人工智能等。四是科技服务业全球化发展需求强烈。随着国际市场环境发生巨大的变化,跨国业务科技服务(尤其是科技政策服务、知识产权服务等)需求越来越多,科技服务的提供也从单纯国内服务向国际国内协同发展。

### 3. 智能化

随着人工智能技术的不断进步,科技服务技术智能化的趋势越来越明显。科技服务智能化的发展趋势可以通过以下几方面实现。

#### 1)智能推荐

在科技信息服务平台中,通过数据挖掘、机器学习、人工智能等技术,既可以根据供应商的科技服务资源、交易历史记录等形成的用户画像,为供应商推荐相应的科技服务需求和需求方,也可以根据需求方的行业特征、业务特点、兴趣偏好、交易历史记录等形成的用户画像,为需求方推荐科技服务供应商或科技服务资源。通过上述智能化推荐,可以实现科技服务供需的精准匹配,提高交易双方的满意度和体验。

2)智能预测

在科技咨询活动中,服务提供者可以通过云计算、大数据、人工智能等技术,对所研究领域的未来趋势、市场变化等进行统计、归纳和预测,从而为用户提供具有真知灼见的决策支持和市场洞察,有效提高科技服务质量。

3)智能监测

科技金融服务提供者在为企业提供科技投资的前、中、后期,可以利用大数据、人工智能等技术监测并分析企业的业务发展情况、资金使用情况等相关数据,检测企业是否存在异常活动或行为,从而为投资、退出等做出决策参考,提高投资的回报率,规避潜在的风险。

4)智能客服

通过自然语言处理、机器学习、人工智能等技术,结合企业自身业务发展、服务交易等具体情况,帮助企业完成自动化客服咨询、售后服务等任务。

5)智能科普

通过自然语言处理、机器学习、人工智能、云计算、大数据等技术,结合大规模语言模型与海量知识资源,形成自动化、智能化、专业化的科学普及咨询服务解决方案,使得科普服务提供者可以帮助企业或个人快速解决相关方面的问题。

6)智能化审核

通过图像识别、自然语言处理等技术,对科技咨询服务相关文档、图片、音频等数据进行自动化审核,减少人工审核的时间和人力成本,提高审核效率和准确性。

# 第 2 章

# 科技服务运营模式

## 2.1 交易模式

科技服务的交易模式种类繁多,而且不同的分类划分标准也会产生不同的交易模式。这里依据交易对象、交易媒介、交易次数、交易是否跨境、交易价格是否确定等分类,对科技服务的交易模式进行初步整理。

### 2.1.1 按交易对象分类的交易模式

#### 1. B2X

B2X 是由企业提供商品的交易模式。按照商品采购方分类,B2X 又可以分为 B2B、B2C、B2G。

B2B 模式是供需企业利用互联网通信技术或各种电商平台作为媒介,可以更方便、更快捷地流通自己独有的资源,相比传统的企业之间供需交易方式,这种方式极大地激发了流通市场的潜力,促进市场繁荣。

B2C 模式是企业通过各种电子商务平台,直接向个人消费者提供产品和服务,是一种借助电子商务平台如淘宝、京东、亚马逊等进行网络零售的"商对客"模式。

B2G 模式是企业通过网络向政府与机关单位提供服务。B2G 的一个典型例子就是网上采购,即政府机构在网上邀请招标,进行产品、服务的招标和采购。

#### 2. G2X

G2X 是政府提供商品或信息的交易。按照商品采购方分类,G2X 又可以分为 G2B、

G2C、G2G。

G2B 是指政府(Government)通过电子政务外网等渠道,迅速为企业提供各种服务(一般为公共服务)。G2B 模式旨在打破政府各部门的界限,实现相关业务的部门在资源共享的基础上快速为企业提供各种信息服务,精简管理业务流程,简化审批手续,提高工作效率,减轻企业负担,为企业生存和发展提供良好的环境,促进企业发展。

G2C 是指政府通过电子政务外网等渠道,为个人消费者提供服务。

G2G 是指政府与政府间的业务往来。

### 3. C2X

C2X 是个人为主体提供商品或信息的交易方式。按照商品采购方分类,C2X 又可以分为 C2B、C2C、C2G。

C2B 是个人对企业的交易。这种模式在科技服务中比较少见。

C2C 是个人对个人的电子商务活动,淘宝平台、微商等运营模式是其典型代表,它们具有客户群体广、卖家准入门槛低等特点,只要拥有好的资源,每个人都可以创业。

C2G 是指个人对政府的交易模式。这种模式在科技服务中很少见。

## 2.1.2　按交易媒介分类的交易模式

### 1. 线下交易

线下交易(OFFLINE)是指不通过网络中介平台交易,由买卖双方进行自由交易的方式,可以理解为面对面交易。买卖双方为了节省服务费,有时不通过中介人或中介平台交易,而是通过双方私聊交易。

### 2. 线上交易

线上交易(ONLINE)是指依托于互联网手段进行交易的模式。交易的媒介可以是网站或专业平台。近年来,线上交易的模式也在不断创新,一些新变体不断涌现,如社群模式、基于直播平台的"带货"模式。

### 3. 线上线下结合

线上线下结合(O2O,Online To Offline)将线下商务的机会与互联网结合起来,将互联网作为线下交易的前台。这样,线下服务就可以用线上的方式招揽顾客,消费者可以在线上对服务进行筛选,而且成交可以在线结算,很快就能达到规模。该模式最重要的特点是:推广效果可查,每笔交易可跟踪。

### 2.1.3　按交易次数分类的交易模式

#### 1. 一次性交易

一次性交易是商品的使用价值进行一次性转移,同样风险也一次性转移,形式包括购买、拍卖、投标、议价等。

#### 2. 多次交易

多次交易是信息商品的风险和利润分担的持续交易模式,即卖方以一定的方式(如按比例或提成)分享买方的预期利润,其间承担相应的风险责任,包括出租、价格分割、订金和风险分担。多次交易是多次或无限次分割信息商品的交易价格。

#### 3. 捆绑交易

捆绑交易和多次交易恰恰相反,是指具有不同功能的商品捆绑在一起,一次性批量出售的交易方式。

### 2.1.4　按交易是否跨境分类的交易模式

#### 1. 国内交易

国内交易是指买卖双方均为国内主体且交付过程在国内完成的交易。

#### 2. 跨境交易

一般来讲,买卖双方不属于同一个国家(或地区),或者交付环节选择在国外进行,都属于跨境交易。跨境交易模式一般涉及进出口税等问题,并且会受双方国家进出口相关法律法规的约束。

### 2.1.5 按交易价格是否确定分类的交易模式

**1. 固定价交易**

固定价交易模式是指商品在销售时给出了固定的价格,而且只能以该价格进行交易。

**2. 议价交易**

议价交易模式也称为私洽交易,主要通过买方和卖方一对一交易,合理商议商品价格以达成一致的交易模式。

**3. 竞价交易**

竞价交易模式主要指通过拍卖这种双方或多方竞价最终达成商品交易的模式。买卖双方经过潜在买家的价格竞争,最后以价高者成交为基本原则。

**4. 策略/智能定价交易**

策略定价交易是指买卖双方通过一定的交易策略对商品或服务进行定价。如果通过用户画像、服务画像等智能化手段进行定价,则可称该种模式为智能定价交易。

## 2.2 科技服务平台盈利模式

———

科技服务平台的相关参与者包括科技资源供应者、科技资源需求者、科技服务者、领域运营商、区域运营商、平台方等。科技资源包括技术、专利、成果、人才等。专业的科技服务方包括专利申请、研发、检测、评估、政策咨询等。

**1. 信息服务销售**

用户通过定制服务获得平台收集的最新信息。科技服务平台将特色内容(包括服务、项目、专利、专家等各类内容)整合打包,形成特色内容模块,向市场用户展示、推广,为用户提供便捷、高效的服务。

### 2. 对接服务销售

对接服务销售的收费内容包括信息发布费用和平台使用费用。其中,信息发布费用,即资源供需双方在网站上发布供需信息,平台收取费用;平台使用费用,即资源供需双方和专业服务方通过网站合作,向平台缴纳使用费。

### 3. 交易跟踪服务销售

平台充当第三方监管和控制者,降低用户之间的合作风险,平台利用区块链技术,设置订单不可篡改,基于区块链技术构建科技服务交易环境,能够保证交易过程安全、可靠,实现交易追踪、过程监控、价值反馈等。平台收取一定额度的跟踪服务费用。

### 4. 增值服务销售

增值服务收费包括推广费、身份认证费、专业服务费和电子商务服务费。其中推广费,即机构或个人通过网站推广自己,平台提供广告、搜索排名等推广服务,收取相关费用;身份认证费,即平台为用户提供的身份认证服务,提供信用度等信息并收取相关费用;专业服务费,即平台成立自己的专家团队,直接为用户提供专业服务,收取服务手续费;电子商务服务费,即提供包括网站设计、支付费用等电子商务服务在内的增值服务,并向需要这些增值服务的客户收费。

### 5. 股权投资获利

股权投资是一种为了参与或控制某家公司的经营活动而投资购买该公司股权的行为。股权投资可以发生在公开的交易市场上,也可以发生在发起设立公司或募集设立公司的场合,还可以发生在股份的非公开转让的情况下。股权投资的动因包括:①获取包括股利和资本利得在内的收益。②获得资产控制权,通过资产的调整、调度和增值获得利益。③参与以分散风险或发现商业机会为目的的经营决策。④在投资购买可交易股份的场合,以增加可流动资产等为目的的资产结构调整。⑤在投资于可交易股份的场合,以获取买卖价格的差额为目的的投机。

# 第 3 章

# 科技服务技术概述

## 3.1  科技服务技术

产业融合是经济增长和产业发展的重要趋势,世界各国都在积极推进先进制造业和现代服务业的融合,这一举措对世界新技术革命和国际产业结构升级都有着深刻的影响。

十九届五中全会强调,提高先进制造业的自主创新能力是坚持创新驱动发展的重点领域,要推动先进制造业与科技服务业的深度融合。先进制造业具有高技术密集型、高创新性,以及高附加值等特点,走在制造业创新发展的前列。科技服务业能够利用自身行业具有的市场信息、识别市场需求等优势为先进制造业提供知识构建的思路和技术创新的启发。基于已有研究基础,本章对先进制造业和科技服务业的融合进行如下定义:在一定条件下,产业边界逐渐模糊趋同,产业间要素耦合共生、互相渗透,逐渐形成新产业的过程。其中需要注意的是,产业融合后并不意味着原有某一产业的消失,更多的是强调先进制造业和科技服务业间要素的互动延伸,整合两个产业的多种特征,形成具有独特优势和特色的新兴产业。

科技服务业对先进制造业的技术创新具有不可替代的作用,因此科技服务行业自身的结构和运营模式的调整也将进一步为先进制造业的发展提供更加良好的环境。本章重点聚焦于科技服务业自身的融合发展,分析其当前发展情况和制约发展的问题。

## 3.2　资源分享与分布式资源巨系统

### 3.2.1　资源分享的意义

20 世纪 80 年代,我国经济体制由计划经济向市场经济转变。这就导致许多科技服务机构虽然脱离政府职能部门,但仍与政府有一定程度的联系。与此同时,高度的市场化催生了许多民营科技服务机构,产生了不同所有制机构在同一市场下竞争的局面。但由于相关政策规定和竞争机制的不完善,产生了资源配置不合理等问题,进而造成我国的科技服务机构竞争力不足、服务能力落后等制约行业发展的问题。

科技资源对科技服务的质量和竞争力都有巨大的影响,不仅是科技工作者进行科学研究的必备条件,也是国家的重要战略资源。这种科技资源包括各种物质基础和学科信息,是实现我国经济发展由要素驱动向创新驱动转变的保障,是促进我国科技进步的重要支撑。

### 3.2.2　巨系统的内涵

巨系统分为简单巨系统和复杂巨系统。一方面,不管是“简单巨系统”还是“复杂巨系统”,它们的共同特点是系统内含有非常多的子系统,而且这些子系统的演化及系统行为都较为复杂。另一方面,复杂系统一般都具有很多层次,而且每个层次都呈现系统的复杂行为,有些甚至还可能会有意识活动加入系统中。对于巨系统的研究,我国以钱学森为代表,基于航空系统工程的成功实践经验创建了复杂巨系统论。根据系统内子系统的数量,可以将系统分为小系统、大系统和巨系统。

当前,科技资源的开放共享水平已经成为影响平台发展的重要因素。因此,构建分布式资源巨系统对科技服务平台运营和行业发展也具有重要意义。巨系统一词表明了该系统区别于其他系统,将资源分享与分布式资源这一功能,发展成为涉及范围更广、涉及领域更多、涉及垂类更深的平台系统。而分布式概念的引入,是将海量的科技资源和服务分成若干小部分,经计算后匹配出最适合企业的科技服务项目。

### 3.2.3 先进制造业科技服务资源巨系统模型构建

先进制造业科技服务资源涉及专业、逻辑、时间三个维度,如图 3-1 所示。

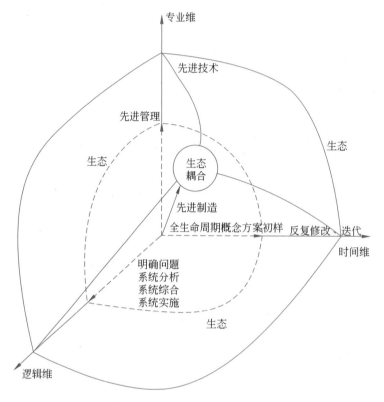

**图 3-1 先进制造业科技服务资源巨系统三维结构**

按照上述三个维度,我们可以构建先进制造业科技服务资源巨系统具体模型,如图 3-2 所示。

先进制造业科技服务资源巨系统具有如下几个特性。一是复杂性,包括平台需求复杂、技术复杂、试验验证复杂、管理复杂、跨部门跨领域跨学科协同复杂等。二是巨型性,其不仅子系统数量巨大,且平台跨领域、跨系统,工作链条长,创立周期长,参与人员多,多学科、多专业协作广泛。三是科学研究、技术攻关、协同创新、工程实施、试验验证、管理保障高动态紧耦合。四是开放性,与环境互动互应,是系统产生复杂性的必要条件。巨系统模型包括先进制造业、科技服务业以及两业融合机制三部分。

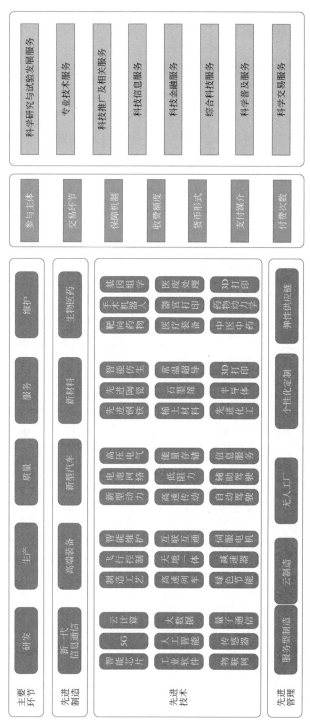

图 3-2　先进制造业科技服务资源巨系统模型

### 3.2.4 动力传导机制

先进制造业科技服务资源动力传导机制就是实现先进制造业发展进步的动力激发手段和动力传递过程,该机制是一个自组织、自适应、开放式、协调统一的循环系统,且受外部环境因素的影响,只有在优化环境的基础上,保证从原动力到动力传导带的各个环节的有效作用,才能实现整个动力机制运转顺畅。先进制造业科技服务资源动力传导机制如图 3-3 所示。

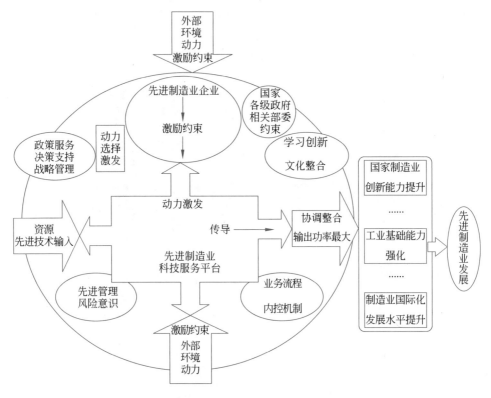

图 3-3 先进制造业科技服务资源动力传导机制

### 3.2.5 模型鲁棒性分析

为使巨系统按照人们的期望那样正常可持续发展运行,一般需要对其进行控制。因此,先进制造业科技服务资源巨系统必然是一个反馈控制系统。反馈控制系统的鲁棒性研究主要聚焦于两个方向。一是主动式（active）适应技术,也称为自适应控制系统设计技术。它应用辨识方法不断了解系统的不确定性,并在此基础上调整控制器的结构与参数,从而使系统满足性能指标要求。二是被动式（passive）适应技术,也就是鲁棒控制设计技术。近年来,除了一次系统稳定性的研究外,也有部分专家开始研究二次系统稳定性问题。

在全球经济形势下,先进制造业科技服务资源巨系统不仅涉及国内产业链的问题,也涉及国际产业链。尤其是在国际产业链的控制中,受国际大环境影响极大。如芯片产业,我国近些年受以美国为首的发达国家集体打压,先进制造业发展被极大压制。因此,在我国先进制造业科技服务资源巨系统建设中,建立自主可控的产业链具有非常重要的意义。

## 3.3　服务协同与务联网

面对蓬勃发展的经济、急需升级的产业和快速扩张的企业需求,独立的科技服务提供商面临科技服务供给不充足、不均衡、不全面等问题。这些问题成为制约先进制造业朝着更先进、更创新和更自主发展的关键因素。在当前大背景下,有必要通过结构创新和资源优化推动科技服务行业的建设和完善,而服务协同既是整个科技服务行业的内在要求,又是对目前行业困境可行的破解之法。

服务协同是行业在理论和实践两方面不断发展的产物。从理论上看,科技服务的提供需要根据企业的具体情况寻找最适合企业的科技服务解决方案;从实践上看,科技服务行业大致经历了国家主导到国家和市场双重发展的结构。由此可见,政府并非科技服务行业的垄断者,其他各种形式的竞争者和合作者已经出现,并对行业的发展产生了积极的影响。

服务协同的根本特征是对整个服务过程所涉及资源的认知与整合,即服务提供商的多元化和资源、服务方式的多样性,以及两者在服务过程中的协同关系。就前者而言,各种要素在日趋复杂的科技服务过程中发挥着各自的作用,维护整个行业平稳运行;就后者而言,一次成功的科技服务离不开各关键要素之间的协调和整合。服务协同能够成为先进制造业继续蓬勃发展的有效路径,其根本原因在于两者之间有内在契合。首先,先进制造业的前进方向是多方面的,服务协同能够发挥价值平衡的优势。科技服务行业发展的核心目标在于满足先进制造业朝更先进、更创新和更自主的方向发展的需求,降低成本和提高效率是基本服务的内在要求。而服务协同往往可以应对多个企业的服务或者企业间被需要的服务资源重合的情况,能够在满足各个企业需求的同时发挥价值平衡的作用,缓解科技服务过程中的资源公平和效率之间的矛盾。其次,整个科技服务流程涵盖不同的环节和程序,服务协同能够实现关键工作的分工合作。

服务协同的模式必须适应当前经济、社会、政策等各领域的发展状况。随着市场经济体制改革的日益深化和政府职能的逐步转变,政府、市场、社会关系也经历调整与重构;由于我们仍处于产业融合的初级阶段,经济发展水平有待提高、科技服务市场体制仍不完善、政府政策相对滞后等外部客观因素都会对服务协同和产业融合发展提出挑战。观念、政策和制度等内在要素的一致性是服务协同成功运行的关键。服务协同致力于实现科技服务过程中各重要因素之间的密切合作和有序衔接,因此,必须保证主体观念上的符合,以及政策与制度的协调。科技服务行业的内部结构调整和外部政策支持之间的转变应保持同步,内外协调进一步推进服务协同的有效性。

在这种情况下,务联网就成为实现服务协同的关键平台和有力手段。务联网(IoS)概念的首次提出是在欧盟第七框架的"未来互联网"计划中,文中指出务联网是依托互联网实现的现实世界与虚拟世界的网络化应用服务形态和聚生态系统;支持在网络环境中以集成服务的形式实现实际服务。务联网的本质是在信息互联、资源共享的互联网、实现物理世界与信息世界互联互通、资源共享的物联网的前提下,整合实现信息世界资源提供与服务的云计算,实现现实世界与虚拟世界的整合应用空间,面向大规模、个性化的客户服务需求,用集成服务网络支持现实世界客户群体的应用和环境。

务联网具有五大特性,分别是泛在化、资源虚拟化和服务化、服务动态化、内容智能化和应用领域化。下面分别对这五个特性进行说明。泛在化指的是在未来互联网环境下,人们可以不受时空的限制,便捷高效地访问务联网上的各种服务,各类资源也可以在服务化封装后接入务联网中。现实世界的物理资源和数字世界的信息资源通过跨时空的方式被有效地整合在一起,务联网通过服务实现资源的开发、管理和应用,同时支持服务的运行与交付。服务动态化则说明务联网可以动态地整合可用的资源与服务,并可以根据企业的个性化需求快速定制科技服务菜单,并支持服务双方在线上(虚拟空间)和线下(现实空间)协作。内容智能化指通过大数据、数据挖掘、信息检索等技术,获得关键数据,利用这些数据挖掘企业的潜在化需求,为企业提供满足其个性化需求服务内容推荐与定制。随着务联网的广泛应用和完善,其服务内容会根据实际应用得到越来越细化的分类,形成越来越多的垂直领域细分服务,以满足用户更细节的需求,这便是应用领域化的含义。

在务联网中,所有的服务、资源和物体均可通过网络访问并且通过网络提供。在云计算的环境下,除了体现服务资源和服务体系的网络泛在化与虚拟化,服务网络化更强调以服务的形式支持软件服务和商务服务,体现服务的高价值、高质量、强集成、个性化等新特点。

2016 年,科技部《现代服务业重点专项》发布,提出服务协同与务联网理论技术体系的研究方向,使务联网这一概念受到国内学者的广泛关注。目前,学者们对务联网的服务模式也提出了一些新的见解。陈德人等提出基于务联网云教育服务的新一代现代教育公共服务体系架构,在新一代教育公共服务体系中,虚拟环境和现实世界的共享融合、现有资源和应用服务的功能组合,以及教育过程中思维流和数据流的互动结合被着重强调。王成林等提出物流务联网的概念,以及政务管理与企业经营业务相融合的协同模式,全面分析了政府与企业物流供应链的服务模式、体系共性和业务流程,并结合应用案例提出了相应的政策建议。

科技服务联网的体系与架构还在建设初期阶段,我们希望该体系建设和网络架构不仅能够提升整个科技服务行业的整体水平,也能助力先进制造业迈入下一个发展阶段。

## 3.4　精准服务与科技大数据

我国的知识服务模式发展经历了五个阶段:①提供基于门店式服务的以人力型为主的图书馆服务;②以计算机智能代理服务的模式提供联邦检索服务;③数字图书馆服务模式,例如以计算机智能代理服务模式提供联邦检索服务;④基于大数据计算的数据密集型与智慧型的综合知识发现服务;⑤以大数据与人工智能等先进技术主导的文献情报服务应用。

随着大数据、云计算等先进技术的快速发展与应用,科技大数据大量产生,与此同时,企业的需求逐渐趋于个性化、定制化和扁平化,这就导致科技服务业在服务内容、服务机制和服务形式等方面面临巨大的挑战。我国科技资源以及科技情报供不应求的问题成为制约科技服务行业发展的主要矛盾。

首先,当前企业类型众多、先进制造业所涉及种类众多,其需要海量的科技服务和科技资源。资源和企业信息不对称、企业需求个性化,以及对科技服务的要求日益提高等诸多原因，导致科技大数据供给不平衡。其次，尚未建立以知识计算为主要驱动力的科技大数据中心，尚未形成科技情报分析服务方法库与工具库，尚未统一存储和管理价值较高的中间分析结果数据，导致当前的科技大数据体系无法自行处理单一领域或应急情况的科技情报需求，该种类型的需求往往以人工为主要工作力对数据进行筛选。这种工作方式不仅效率低，也会导致知识质量不高等情况，因此规范科技服务资源渠道秩序是急需解决的问题。

为解决以上两点问题，科技大数据中心的概念应运而生。科技大数据的数据内容包括科技成果数据、科技活动数据和互联网自媒体科技咨询数据这三类。在我国全面构建数字经济、建设数字中国的大背景下，科技大数据是核心知识资源，对技术的革新、产业的升级和国家科技的发展都有极其重要的战略地位。科技大数据是链接上游企业与下游科研机构之间的桥梁，为上游企业的产业升级提供技术启发，为下游科研机构的技术落地提供实现途径。

科技大数据中心的总体技术架构自下而上分为六个层级，分别为大数据基础平台，用于科技大数据的采集、分布式存储、分布式计算；构建科技大数据知识资源体系，覆盖多学科、多领域的权威数据源，保障数据的可持续更新和建设；科技大数据治理，对数据进行规范化管理、构建科学知识图谱、实现数据增值；面向数据产品的大数据计算，由企业需求驱动大数据计算，实现更加垂直分类的细化数据挖掘；构建科技大数据微服务，通过安全的服务引擎促进科技大数据知识资源生态系统健康发展；智能知识服务平台，面向终端用户的科技大数据平台工具软件，方便企业进行数据查询。

目前，科技大数据平台的应用颇有成效，包含科技大数据支撑与管理平台——慧云；三大智慧型科技大数据中心服务引擎；科技大数据知识发现平台——慧眼；智能随身科研助理——慧科研；科技机构学术分析服务系统——慧管理和科技大数据可视化全景观测平台——慧图。

精准服务利用了科技大数据的众多优势，灵活运用硬件资源和数据挖掘的结果，为企业推送和定制个性化科技服务菜单。其主要目的是利用数据收集、数据分析和数据挖掘等手段对企业的科技知识需求进行追踪和记录，让科技服务内容更加融入企业、更加贴近企业、更加了解企业，同时给予用户决策支持。在科技大数据之前，传统的科技服务大多是企业主动咨询，科技服务商被动等待的模式，而大数据技术能够主动了解和分析企业需求。科技大数据的应用可以兼顾到企业的个性化需求，例如：初创企业更需要了解行业规范或者法律合规；中型企业更愿意了解行业的发展现状与趋势；大型企业承担行业发展的责任，更注重先进技术的研发与落地应用。

科技服务业利用科技大数据开展精准服务的具体路径如下。

（1）利用科技大数据准确识别企业的科技知识需求。准确识别企业需求是大数据驱动下科技服务业精准服务的必然趋势。科技大数据的分析与预测可以对企业需求进行精准梳理，形成用户精准画像，进而对不同类型、不同领域的企业有针对性地推送个性化服务。

（2）利用科技大数据精准构建科技知识服务资源。准确构建大数据服务资源是开展精准服务的关键，既需要结合用户企业特点，又要对自身的科技大数据中心进行特色化建设，以便形成科技大数据中心的自身优势。

（3）利用科技大数据精准控制科技服务过程。科技大数据中心作为连接企业和科研院所、高校的桥梁，面对诸多不同性质的服务受众，科技大数据驱动下的科技精准服务有必要引入"差异化"和"分众化"的服务理论。"差异化"服务理论来自市场经济，它意味着企业在市场经济中为服务对象提供不同于其他竞争者的服务或产品，以赢得市场商机；"分众化"服务理论来自传播领域，它意味着要根据不同类型受众的实际需要开展媒体传播。科技大数据驱动下的科技精准服务需要以"差异化""分众化"服务理念为载体，让专业精准的服务深入人心。

（4）利用科技大数据精准监管科技服务质量。科技大数据的应用能够有效改善服务信息滞后的问题，保证科技服务资源和读者需求实时更新，减少因为时间差产生的信息差，快速配置企业所需的科技资源，确保资源利用的合理性和准确度。

（5）利用科技大数据精准保障受服务企业信息安全。个性化分析很容易涉及侵犯用户隐私的问题，鉴于此，科技大数据中心有义务和责任保护企业的信息，包括但不限于科技知识浏览记录、关键词搜索和科技服务订单，通过控制企业上网行为、隔离外网工作与内网工作、控制路由器等多种措施保证用户信息安全。

（6）利用科技大数据精准评价科技服务效果。服务评价体现平台和服务双方从不同视角对此次科技服务的评价，精准评价科技服务效果，以大数据作为载体对评价进行量化分析，以便能更准确地掌握企业对精准服务的诉求。

科技大数据和精准服务的有机结合，形成了相互借鉴、相互补充、相互促进的局面，科技大数据为精准服务提供数据支持，为精准服务更有效地开展奠定了基础；精准服务反作用于科技大数据，从实际的服务中获取企业更细致的需求，对数据起到补充、丰富的作用。

# 3.5 跨领域、跨区域、跨平台协同

在实际情况下,企业所需的科技服务往往不是单一的某个技术上的帮助,大多涉及系统之间的协同或相关技术法律的咨询。这种多需求的科技服务要求很难被单独一家科技服务机构所满足,寻找能够共同解决企业问题的多家机构进行合作是非常困难的。因此,跨领域和跨平台的科技服务协同是相当必要的。

在区域分布方面,我国科技服务业在发展空间上具有"高-高""低-低""高-低""低-高"[1]四种集聚模式。其中,"高-高"集聚模式省市逐步减少,主要集中在京津地区、长江三角洲地区、中部地区部分省份。"低-低"集聚模式省市主要集中在西部地区和部分中部地区,科技服务业发展水平较低,且不同省市的空间分布存在较大差异。"高-低"集聚模式的省份包括辽宁和四川,河北和陕西则主要呈现"低-高"集聚模式。这两种集聚模式产生了向周边地区蔓延的趋势。总体来说,我国科技服务业在空间分布上,东部地区集聚程度高于中西部地区,呈现从东南沿海向西北内陆集聚程度逐渐降低的趋势。

要逐渐平衡这种空间分布上的差距,则需要进行跨领域、跨区域、跨平台的协同。"三跨"协同指的是协同不同领域、不同区域和不同平台的科技服务提供方,面向一个或多个被服务者,集中地、统一地、全面地解决企业面临的各种问题。

## 3.5.1 跨领域协同

跨领域协同旨在对分散在不同领域的用户需求进行整合,针对不同企业的不同需求进行智能化感知,精准满足用户个性化需求,从而提高各个目标领域推荐结果的准确性和多样性。在跨领域协同推广的过程中存在 3 个不可避免的问题,分别是信息缺失、准确度低和服务单一。

### 1. 信息缺失

平台需要根据用户的历史行为数据预测用户对其他科技服务资源的偏好程度。但面对新信息、新资源和新服务时,会缺少用户行为数据而无法对用户提供推荐服务。利用上一小节中提到的科技大数据平台中搜集到的用户信息和偏好预测用户行为,一定程度上能弥补信息缺失的问题。

**2. 准确度低**

平台所服务的企业和项目的数量庞大,但大部分企业只会和一小部分的项目有交互,这就导致企业项目评分矩阵十分稀疏,降低推荐性能。合理应用科技大数据中心的信息增强目标领域评分矩阵的密集程度,可以相对提高系统预测的精度。

**3. 服务单一**

单一领域的服务种类通常是单一的、相似的、冗余的,不能满足企业的多样需求。推荐服务和资源时,应结合多领域内容,提高知识解决方案的多样性。

### 3.5.2　跨区域协同

习近平总书记 2019 年 12 月 16 日在《求是》杂志发表文章中提出:按照客观经济规律调整完善区域政策体系,发挥各地区比较优势,促进各类要素合理流动和高效集聚,增强创新发展动力,加快构建高质量发展的动力系统,增强中心城市和城市群等经济发展优势区域的经济和人口承载能力,加强其他区域在粮食安全、生态安全、边疆安全等方面的保障能力,形成优势互补、高质量发展的区域经济布局。

科技服务业的跨区域协同的实现需要企业家、科学家和工程师等多方力量参与研发协同模式,在适应当前数字化时代的基础上,协调不同区域的科技服务资源,实现高效的跨区域研发组织体系。

在跨区域协同体系中,除企业家、科学家和工程师等对体系的研究和国家助力外,也需要科技服务行业将自己的行业特点注入其中,结合行业特点,挖掘影响区域发展不均衡的关键因素。

### 3.5.3　跨平台协同

目前,市面上有涉及技术、信息、产业布局、政策法律等不同的科技服务平台,这些平台都能解决其所在领域的大多数问题。但由于企业需求存在涉及多领域的情况,目前多平台服务的模式会造成同一需求需要多个平台解决,在增加企业经济成本的同时,企业在选取合作平台和不同平台间的合作都会产生巨大的沟通时间成本。

　　跨平台协同就能很好地解决这个问题,我们建设的第四方科技服务平台,该平台依托覆盖各领域的第三方平台,作为桥梁为企业解决各领域服务商间的协调和沟通问题,降低企业的经济成本和沟通时间成本。

# 第 4 章

# 先进制造业概述

## 4.1 先进制造业在国计民生中的地位和作用

### 4.1.1 先进制造业是我国从制造大国迈向智造大国的战略关键

制造业是立国之本、强国之基,是国家的经济命脉。推动制造业高质量发展是巩固实体经济根基、建设现代化经济体系的内在要求。随着全球新一轮科技革命和产业变革突飞猛进、新一代信息技术等加快突破应用、全球科技和产业竞争更趋激烈、全球资源环境要素约束趋紧,大国战略博弈进一步聚焦制造业。

发达国家的发达科技服务业是其之所以发达的主要因素之一,包括优越的先进制造业政策服务环境,以及世界领先的先进制造业科技服务工具及其核心技术。在良好的科技服务环境、完善的科技服务体系、先进的服务工具和技术的加持下,发达国家毫无疑问地占有了制造业增加值中的高额。对我国而言,先进制造业是由制造大国向制造强国转变的战略关键,先进制造业科技服务不仅需要专业化服务资源的有效供给、面向全链条的长周期持续协同,更需要多主体参与的科技服务体系。因此,为了贯彻落实制造强国战略,必须在政府领导下加快建设先进制造业科技服务网络,构建协同生态体系,提高工业基础和行业软件供应能力。

2017年,党的十九大报告明确提出要"加快建设制造强国,加快发展先进制造业",将发展先进制造业作为提升我国制造业全球竞争力的核心战略和推进我国经济迈向高质量发展的重要任务。在随后的几年中,陆续出台《国务院关于深化"互联网＋先进制造业"发展工业互联网的指导意见》《财政部 税务总局关于明确部分先进制造业增值税期末留抵退税政策的公告》《关于推动先进制造业和现代服务业深度融合发展的实施意见》《财政部 税务总局关于明确先进制造业增值税期末留抵退税政策的公告》等文件,地方政府积极响应跟进,央地联合发挥政策引导作用,统筹推进先进制造业战略落地。同时,为了加速推动制造企业智能化、数字化转型升级,2021 年,我国陆续发布了《"十四五"数字经济发展规划》《"十四五"信息化和工业化深度融合发展规划》《"十四五"智能制造发展规划》等一系列政策,从国家层面部署推动先进制造发展。

表 4.1 列举了我国国家和省部级部分主要规划文件中涉及先进制造业的内容。

表 4.1　我国国家和省部级部分主要规划文件中涉及先进制造业的内容

| 中共中央、国务院 | 《"十四五"规划和 2035 年远景目标》 | • 深入实施智能制造和绿色制造工程,发展服务型制造新模式,推动制造业高端化、智能化、绿色化 |
|---|---|---|
| 工业和信息化部、国家发展改革委等 8 部门 | 《"十四五"智能制造发展规划》 | • 智能制造是制造强国建设的主攻方向,其发展程度直接关乎我国制造业质量水平。智能制造的发展对巩固实体经济基础、构建现代产业体系、实现新型工业化具有重要作用;<br>• 加快构建智能制造发展生态,持续推进制造业数字化转型、网络化协同、智能化变革;<br>• 聚焦企业、行业、区域的转型升级需要,以车间、工厂、供应链为中心构建智能制造系统,开展多场景、全链条、多层次应用示范,培育推广智能制造新模式;<br>• 建设智能制造示范工厂,拓展智能制造行业应用,促进区域智能制造发展,大力发展智能制造装备 |
| 北京市 | 《关于推进北京城市副中心高质量发展的实施方案》 | • 推动传统制造业转型升级,采取"优势产品＋标杆工厂"模式落地实施一批"优品智造"项目 |
| | 《北京市"十四五"时期高精尖产业发展规划》 | • 构建面向未来的高精尖产业新体系,优化区域协同发展新格局,加快产业基础重构,奠定发展新基础,全面提升产业链现代化水平新层级,深化开放合作,激发产业新活力 |
| 上海市 | 《上海市先进制造业发展"十四五"规划》 | • 加强在重点行业的规模化应用,做强智能制造系统集成服务 |
| 天津市 | 《天津市智慧城市建设"十四五"规划》 | • 加快企业智能制造新模式应用,重点推进高端装备、电子信息等行业数字化集成应用,发展共享制造和制造服务业 |
| | 《天津市促进智能制造发展条例》 | • 促进智能制造发展,落实制造业立市战略,增强全国先进制造研发基地核心竞争力,推动高质量发展,结合天津市实际情况,促进智能制造发展的相关活动 |
| 重庆市 | 《重庆市制造业高质量发展"十四五"规划(2021—2025 年)》 | • 深入推进智能制造,积极引导智能制造系统解决方案供应商、智能制造设备生产商的培育 |

续表

| | | |
|---|---|---|
| 中共中央、国务院 | 《"十四五"规划和2035年远景目标》 | • 深入实施智能制造和绿色制造工程,发展服务型制造新模式,推动制造业高端化、智能化、绿色化 |
| 河北省 | 《河北省制造业高质量发展"十四五"规划》 | • 建设一批智能制造示范工厂、数字化车间,加快智能制造单元、智能生产线建设,推动智能装备、智能模块在企业智能改造中的应用,加快智能化、数字化技术融合应用,提高企业创新能力和生产管控能力 |
| 山西省 | 《山西省"十四五"新装备规划》 | • 发展智能制造系统集成业务,培育发展一批具有全国视野和高端规划能力的智能制造系统解决方案供应商 |
| 内蒙古自治区 | 《内蒙古自治区"十四五"数字经济发展规划》 | • 深入实施智能制造和绿色制造工程,发展服务型制造新模式;建设智能制造示范工程,完善智能制造标准体系 |
| 吉林省 | 《吉林省制造业数字化发展"十四五"规划》 | • 提升智能制造装备供给能力,围绕吉林省航空航天、轨道交通、精密仪器、工程机械、电力装备等离散型制造领域,以高端化、智能化、服务化为主攻方向,组织实施重大技术装备突破,以数据为驱动,提升行业研发创新、生产制造和运维服务水平,开展关键技术装备和先进制造工艺集成应用、加快数字化车间和智能工厂建设 |
| 黑龙江省 | 《黑龙江省"十四五"数字经济发展规划》 | • 树立一批智能制造示范企业,形成一批制造业数字化转型推广模式;<br>• 建设一批智能制造、智慧矿山、智慧能源、产业转型示范,创新实践数字化转型发展新路径;攻克一批制约智能制造发展的技术难题;<br>• 聚焦智能制造需求,加快机器人及智能制造产业园区发展,探索数字装备产业园区建设 |
| 江苏省 | 《江苏省"十四五"制造业高质量发展规划》 | • 开创全面数字化转型的智能制造新图景;<br>• 坚持系统推进产业数字化和数字产业化,以智能制造为主要方向,深入实施智能制造工程,大力发展数字经济,制定智能制造或引领制造业高质量发展的实施方案,加快制造模式和企业形态的变革,构建制造业全面数字化转型的江苏模式 |
| 浙江省 | 《浙江省全球先进制造业基地建设"十四五"规划》 | • 完善智能制造标准体系,建立智能制造自主创新体系,实施智能制造示范专项,健全智能制造服务保障体系,制定"未来工厂"建设规则,指导企业对标提升;<br>• 逐步建立智能制造企业培育库,加快"未来工厂",智能工厂(数字化车间)建设;开展智能制造试点,构建智能制造标杆区域和集群;<br>• 搭建省市县一体化应用的智能制造公共服务平台,开展智能制造能力成熟度评估和区域智能制造发展评价,完善智能制造分类推进机制和政策激励措施 |

续表

| 福建省 | 《福建省做大做强做优数字经济行动计划（2022—2025年）》 | • 加快智慧城市、数字乡村、智能交通、智慧农业、智能制造、智能建造、智慧家居等重点领域感知终端的部署；<br>• 着力突破一批数字产业关键核心技术，力争在智能制造领域取得重要成果；<br>• 支持有条件的地市打造智能制造先行区，推进"工业互联网＋智能制造"生态建设 |
|---|---|---|
| 湖南省 | 《湖南省制造业创新能力提升三年行动计划（2021—2023年）》 | • 将"100个重大产品创新项目"建设与制造业单项冠军企业和专精特新"小巨人"企业培育，两化融合、智能制造和服务型制造推动，制造业创新中心、工业设计中心和工业设计研究院创建等有机结合 |
| 广东省 | 《广东省制造业数字化转型实施方案（2021—2025年）》 | • 加快智能车间、智能工厂建设，带动通用、专用智能制造装备反复升级，谋求新型智能制造装备的开发和推广 |

## 4.1.2　我国自十八大以来先进制造业发展取得历史性成就

党的十八大以来，我国制造业发展取得历史性成就、发生历史性变革，产业体系更加健全，产业链更加完整，实现量的稳步增长和质的显著提升，综合实力、创新力和竞争力迈上新台阶。

十年来，我国制造业增加值从2012年的16.98万亿元增加到2021年的31.4万亿元，占全球比重从22.5%提高到近30%，持续保持世界第一制造大国地位；技术密集型的机电产品、高新技术产品出口额分别由2012年的7.4万亿元、3.8万亿元增长到2021年的12.8万亿元、6.3万亿元，制造业中间品贸易在全球的占比达到20%左右。目前，国家新型工业化产业示范基地已有445家，具有较大规模和较强竞争力的先进制造业集群306家，在增强我国制造业供给能力和产业链韧性方面发挥了关键作用。

此外，中国制造向中国创造迈进的步伐明显加快。从创新投入看，我国制造业研发投入强度从2012年的0.85%增加到2021年的1.54%，专精特新"小巨人"企业的平均研发强度达到10.3%，570多家工业企业入围全球研发投入2500强。制造业领域创新投入增加的同时，创新体系不断完善。我国已布局建设23家国家制造业创新中心和国家地方共建制造业创新中心，支持建设125个产业技术基础公共服务平台。规模以上工业企业新产品收入占业务收入比重从2012年的11.9%提高到2021年的22.4%。

### 4.1.3　我国现代产业体系亟待增效升级

科技服务业是现代服务业的重要组成部分。先进制造业与现代服务业的融合,以技术进步、市场开放和制度创新为动力,通过技术渗透、产业联系、连锁扩张和内部重组打破原有产业界限,促进产业相互融合,培育新的商业模式,实现互动的动态过程,实现制造业与服务业的有效协同效应与整合的互动,最终促进工业质量和效率的提高。随着科技革命和产业转型的不断演进和升级,先进制造业和现代服务业的整合与发展是一个主体多元、路径多样、模式各异、动态变化、快速迭代的过程。这一过程包括先进制造业与现代服务业的相互渗透与互动,产业链价值链体系中相互嵌入,形成紧密关系,制造与服务融合,形成新型产业形态。在要素层面,服务业作为制造业,特别是科技服务业中间投入要素的比例不断提高,服务业在整个产业链和价值链中创造的产出和价值不断提高。在技术方面,技术创新是先进制造业和现代服务业融合发展的重要基础和前提,特别是新一代信息技术和人工智能的应用,加快了产业整合进程,创造了许多一体化的新型产业形态。在企业层面,企业转型升级步伐加快,路径不断拓宽,部分制造企业将转型为"制造+服务"或服务型企业,部分服务企业将延伸至制造环节。在工业层面,制造业及服务业的专业化水平不断提高,创造出一个将两者结合起来的新兴产业。

## 4.2　先进制造业发展现状

现代制造业的发展是信息通信技术与产业持续融合的历史,新的信息和通信技术几乎每十年就会给制造业带来新的变化。目前,互联网和智能化是最具活力的创新、最重要的赋权、渗透力最强的行业,通过"互联网+"和"智能+"制造继续整合现有产业,加快向制造业各个方面的渗透,推动新产品、新应用、新市场、新形式的不断涌现,为制造业的发展提供网络、服务,提供个性化、智能化的新特点,推动制造业的深刻变革,全面进入"智能+"制造业的新时代。

"智能+"制造的本质是,利用互联网的开放性、共享性、协作性、平等互动性等理念,实现设计、生产、管理、服务等制造活动的各个方面,采用互联网平台模式和开放生态,基于数据驱动的数据驱动数据,实现智能决策,将物理世界与网络空间相结合,消除每个环节的信息不对称,实现资源的动态分配,打破体制机制的束缚,在全面互联的基础上转变生产关系,推动制造业转型升级。

制造业和服务业融合发展一方面体现为"制造业服务化",另一方面体现为"服务业制造化"。

## 4.2.1　制造业服务化

制造业服务化是制造业企业由单纯的产品供应商向产品、服务和整体解决方案供应商转型的过程。制造业服务化之所以能够实现,主要在于信息技术的推动作用,尤其是物联网、大数据、云计算等技术的应用,使得制造业服务化得到快速发展。这些技术使得制造企业能够更好地收集和分析客户使用产品的数据,从而使得企业有了为客户提供更加个性化和高效服务的技术基础。

制造业服务化要求企业必须树立以客户为中心的思想,在创新战略指导下,进行技术创新、产品创新、模式创新,在市场需求持续变化的情况下,不断满足消费者对产品和服务的个性化和多样化需求,在产品设计、生产、销售等各环节融入服务元素,实现价值链的延伸,同时提高资源利用效率,减少废弃物产生,实现绿色可持续发展。例如,在风能、太阳能等可再生能源领域,企业提供的不仅是设备,还包括系统的安装、监控和维护服务。

目前,全球许多领先的制造业公司已经将服务作为重要的收入来源。研究表明,美国经济从 1950 年的服务化转型,服务业所占份额从 60% 上升到 80%,技术密集型服务业的份额增加了 23 个百分点,低技术服务所占份额下降,IBM、通用电气、宝马汽车等公司的服务收入占总收入的比重非常高,有的甚至超过一半。在中国,服务型制造获得了广泛认可,越来越多的企业开始推动服务化转型,华为、海尔等龙头企业都积极践行制造业服务化,并以此获得更大的市场空间和利润。

## 4.2.2　服务业制造化

服务业制造化,是指服务企业在提供服务的过程中,通过借鉴制造业的生产理念、技术和管理模式,以提高服务的质量和效率,进而实现服务的标准化、规模化和创新化。这种趋势的出现,既反映了服务业对制造业优秀经验的借鉴,也体现了服务业自身对效率提升和成本控制的内在需求。

　　在服务业制造化的过程中,服务企业会引入制造业的精益生产、流程优化、质量管理等理念,同时结合服务行业的特性,形成独具特色的服务模式。例如,有些服务企业开始采用自动化的设备和系统,以提高服务的速度和准确性;有些服务企业则通过数据分析和人工智能技术,提升服务的个性化和智能化水平。

　　西安铂力特增材技术股份有限公司是实践服务业制造化模式的一个典型实例。该公司运用多年金属增材制造技术的专业经验,为用户提供全方位的金属增材制造与再制造技术解决方案,通过持续创新为航空航天、能源动力、医疗齿科、工业模具、汽车制造等行业客户提供服务,实现了从设计到制造的快速转化,大大提高了产品的制造效率和个性化程度。

# 4.3　先进制造业发展特点

## 4.3.1　智能化生产

　　智能化生产是指利用网络信息技术和先进的制造工具提高生产过程的智能化程度。智能化生产的目标是实现更加高效、灵活、可持续的生产方式,以满足个性化需求,同时降低生产成本和资源消耗。智能化生产依托于先进的信息技术、自动化技术、人工智能以及物联网等集成解决方案,实现制造流程的智能化、柔性化和高度集成。智能化生产是工业生产领域中的一种革新性发展趋势,它将随着技术的发展,继续推动制造业的革命,促进全球工业生态的变化。

　　智能化生产一般具有如下一些关键特点。

　　一是基于自动化与控制的物联网络。一方面,智能化生产环境通过使用先进的自动化设备和控制系统减少人工干预,提高生产效率和一致性。另一方面,智能化生产通过网络连接的设备和传感器收集并交换数据,使得生产设备可以实时监控和自我调整,从而实现更灵活和自适应的制造过程。

　　二是数据驱动的智能化决策。生产过程中产生的大量数据被用于监控、分析和优化操作。智能化生产系统具备学习和适应的能力,它们可以通过持续改进与学习,根据不断变化的环境和需求进行优化,实现持续的效能提升。利用大数据技术和机器学习算法,还可以从数据中提取洞见,预测维护需求,优化资源分配,并通过机器视觉等技术提升产品质量检查的准确性,指导生产决策。可见,人工智能(AI)在智能化生产中起了关键作用。

三是虚拟与现实协同的数字孪生。数字孪生技术允许制造商创建生产过程或产品的虚拟副本,以进行模拟、分析和测试,从而在实际投入运行前优化流程和设计。增材制造(3D打印)技术能协助快速从数字模型制造出复杂形状的零件,这对于定制化生产和减少材料浪费具有重要意义。此外,柔性制造系统能够快速适应不同产品和变化的生产需求,使企业能够更有效地应对市场变化和客户需求。

四是云计算与边缘计算支持下的人机协作。云服务提供了强大的数据处理能力和资源共享平台,而边缘计算使数据处理更靠近数据源,降低了延迟,并提高了响应速度。智能机器人和协作机器人(Cobots)有了云计算与边缘计算的加持,可以与人类共同工作,从而提高效率、安全性,并充分利用人类的创造力与机器的持久性和精度。

智能化生产正在成为未来制造业的关键竞争力,它不仅可以提高企业的经济效益,而且有助于应对快速变化的市场和技术挑战。智能化生产的优势可以总结为以下几点。

一是有利于降本增效。一方面,智能化生产能降低长期运营成本。虽然初始投资可能较高,但长期看,可以通过减少浪费、提高资源利用率等方式,降低生产运营成本。另一方面,自动化和优化的制造流程减少了人工操作,显著提高了生产效率和吞吐量。智能调度和能源管理系统的使用有利于资源优化,有助于更高效地使用原材料、能源和其他资源。此外,智能辅助系统和机器人与人类协同工作,可以在有效减轻人类体力劳动的同时,大大提高工作质量和效率。

二是有利于质量控制。智能化生产需要快速适应生产线的改变,以满足多样化的产品需求和短生命周期的生产要求。在此情况下,引入精确的机器人操作和先进的质量检测系统(如机器视觉),在增强灵活性的同时,可以有效减少人为错误的可能性,降低产品缺陷率,提高产品的一致性和可靠性,并通过预测性维护减少设备故障率,确保生产的连续性和工作场所的安全性。

三是有利于可持续发展。一方面,智能化生产通过实时数据分析和反馈循环实现数据驱动的决策管理,使得生产管理更加科学,基于数据的决策支持系统能够优化操作和资源配置。另一方面,智能化生产可以面对市场需求的变化,实现快速响应,迅速调整、缩短产品从设计到市场的周期,提高客户黏性。此外,智能化生产还可以通过优化生产过程和资源利用,帮助企业实现环境可持续性目标,减少对环境的影响。

## 4.3.2　个性化定制

个性化定制是指先进制造业企业利用先进的智能技术,根据顾客的个性化需求和偏好设计和生产产品。这种生产方式允许消费者参与到产品设计和制造过程中,使得小批量、多样化的生产变得可行和经济。

先进制造个性化定制主要表现为以下几个特点。一是客户参与。在智能化的用户界面和辅助系统帮助下,顾客可以实时直接影响产品设计的各个方面,如材料、颜色、尺寸、功能等,从而得到满足其个人需求和品位的产品;智能制造系统能实时收集和分析顾客需求数据,快速响应并根据这些需求调整生产流程;生产企业也可以通过使用模块化设计,快速组合或更改产品组件来应对不同的客户需求。二是数字孪生与仿真。数字孪生技术允许制造商在真实生产之前,通过虚拟模型进行测试和优化,还可以利用 3D 打印技术直接从数字模型生产出最终产品或零件,以实现个性化产品的小批量或单件高效生产。三是供需高效协同。为了适应个性化订单的需求,智能制造系统可以每件定制产品的成本和所需工艺为基础,基于多种因素实现产品动态定价,并通过灵活高效的供应链支持确保原材料和组件及时到位。

个性化定制是智能制造领域的重要趋势之一,它不仅能满足消费者对产品个性化的需求,同时也为企业提供了差异化竞争的机会。通过个性化定制,企业可以提供更加丰富多样的产品,同时保持较高的生产效率和竞争力。

个性化定制在制造业中的优势体现在以下几方面。一是满足消费者需求。个性化定制能满足消费者对产品多样性和个性化的需求,这在买方市场中尤为重要。消费者可以根据自己的喜好、尺寸和其他个人要求定制产品,从而获得更加满意的购物体验。二是提高生产效率。通过模块化设计和柔性化生产,制造企业能够更快速地响应市场需求变化,缩短产品设计和生产周期,同时实现成品“零库存”战略,减少库存成本和风险。三是增强市场竞争力。个性化定制使得企业能够提供与众不同的产品和服务,这有助于企业在激烈的市场竞争中脱颖而出,建立品牌差异化优势。四是促进技术创新。为了满足个性化定制的需求,企业需要采用先进的制造工艺和技术,如增材制造(3D 打印)、智能化生产线等,这些技术的应用推动了制造业的技术进步和创新。五是降低生产成本。虽然个性化定制可能需要更高的初始投资,但长期来看,通过减少浪费、提高资源利用率和降低维护成本,可以实现生产成本的整体降低。六是支持供应链优化。个性化定制要求供应链必须具备高度的灵活性和响应速度,这促使企业优化供应链管理,提高整个供应链的效率和效果。七是提升客户忠诚度。

提供个性化定制服务的企业往往能够更好地与客户建立联系,满足他们的特定需求,从而提高客户满意度和忠诚度。八是推动供给侧结构性改革。个性化定制作为制造业供给侧结构性改革的重要一环,鼓励企业开展柔性化生产,这一转变有助于提升整个制造业的结构和水平。综上所述,个性化定制为制造业带来多方面优势,不仅提升了消费者的购物体验,也促进了企业的技术创新和市场竞争力,同时对生产成本、供应链管理和资源配置等方面产生了积极影响。

### 4.3.3　网络化协同

网络化协同在先进制造业中扮演着至关重要的角色,它通过集成现代信息技术、通信技术和网络技术,实现了制造资源的优化配置和高效利用。

云计算为先进制造业提供弹性的计算资源和服务,使得企业无需投资昂贵的硬件设备即可获得所需的计算能力,大大降低了中小企业参与协同制造的技术和经济门槛,同时促进了设计、生产和管理工具的标准化和集成化,提高了跨企业协作的效率。

通过收集和分析在制造过程中产生的大数据,企业可以洞察生产过程中的模式、趋势和瓶颈,优化生产流程,提高产品质量,减少故障和停机时间,更好地满足市场需求。

人工智能(AI)技术可以增强协同制造中的决策支持系统,通过机器学习和深度学习算法对生产过程进行智能监控和预测维护,还可以提升产品设计的智能水平,例如通过自然语言处理与客户进行交互以理解其需求,并自动生成设计方案。

区块链作为一种分布式账本技术,可以为供应链管理提供透明度和安全性,在多个参与者之间建立信任,确保交易记录的不可篡改性,从而有助于跟踪原材料的来源,确保合规性,以及降低欺诈风险。

移动互联网利用移动设备和无线通信,使信息传递和沟通变得更加即时和便捷,从而使得现场工作人员可以直接在生产线上获取和上报实时数据,提高了决策的速度和精准度。

物联网设备能够将工厂内的机器和设备连接起来,实现数据的实时采集和监控,这对于实现设备间的自动化协同和优化生产过程至关重要。数字孪生技术通过创建虚拟的生产线或产品模型,可以在不影响实际生产的情况下进行模拟和测试,有助于提前发现潜在的问题和优化方案,减少实际试错成本。

综合来看,这些新兴技术为企业内部各部门之间以及企业之间的协同工作提供了强大的技术支持和平台,使得协同制造更加高效、透明和灵活。随着技术的不断发展和应用,协同制造的能力也将不断提升,推动制造业向智能化、网络化和服务化的方向发展。

在新一代信息通信技术的支撑下,网络化协同表现出如下特点。

一是信息实时共享。先进制造业的网络化协同依赖于实时信息的共享。通过互联网平台,各个参与方(包括供应商、制造商、分销商和客户)能够即时获取和交换关键数据,如订单状态、库存水平、生产进度等。这种透明度提高了整个供应链的响应速度和灵活性。

二是跨企业协作。网络化协同促进了不同企业之间的合作。企业可以利用云计算的强大数据处理能力和资源共享平台,共享设计工具、生产能力或其他关键资源,共同开发新产品或联合完成复杂的订单,这种协作模式还有助于缩短产品上市时间并提高市场竞争力。

三是创新生态系统。网络化协同还催生了新的创新生态系统,其中包括众包设计、开放创新平台等。这些平台允许广泛的利益相关者参与到创新过程中,加速知识交流和技术发展。

四是风险管理与应对。通过有效的网络化协同,企业能够更好地监测和管理风险。例如,在面临供应链中断时,企业可以迅速识别替代供应商或调整生产计划以缓解风险。

五是全球化布局。网络化协同使得企业能够更加灵活地进行全球布局。企业可以依据各地的资源、市场和政策优势,安排生产和服务网络,以满足全球化竞争的需要。

网络化协同是先进制造业发展的关键推动力,它不仅提升了生产效率和灵活性,而且推动了创新、定制化服务和全球化业务的发展。随着技术的不断进步,网络化协同将进一步促进制造业的变革和升级。

## 4.3.4　服务化延伸

先进制造业服务化延伸是指先进制造企业通过在产品上添加智能模块,实现产品联网与运行数据采集,并利用联网能力和大数据分析能力提供多样化智能服务,实现由卖产品向卖服务拓展,有效延伸产业价值链条,扩展利润空间。

服务化延伸模式具有以下几个特点。一是产品和服务深度融合。企业提供的不仅是物理产品,还包括与之相关的服务,如维护、升级、培训等,以此增加产品的附加值。二是生产型服务或服务型生产。企业可能提供生产相关的服务,如工艺优化、质量控制等,或者是基于服务的生产过程,如按需定制等。三是整合制造资源和协同。通过服务化延伸,可以整合分散的制造资源,实现不同企业间的核心竞争力高效协同,从而促进创新和提升效率。四是客户深度参与。从产品设计、生产到使用的整个过程中,客户都可以参与到服务的各个环节,确保服务更加贴合客户需求。

总体来看,服务化延伸不仅提升了产品的市场竞争力,还能帮助企业建立更稳固的客户关系,带来更多的销售收入和利润,实现持续的收益增长。因此,服务化延伸已经成为越来越多制造企业竞争优势的核心来源。一是增加产品附加值。通过提供与产品相关的服务,企业能够增加产品的附加值。这包括提供定制化的设计、专业的安装指导、维护和修理服务等,从而提高了产品的市场竞争力和客户忠诚度。二是满足客户多样化需求。服务化为制造商提供了与客户建立更深层次关系的机会。通过了解客户的特定需求,企业可以提供更加精准的服务,如远程监控、性能优化、培训和咨询等。三是创新商业模式。服务化延伸促使企业创新其商业模式,例如采用按使用付费(Pay-per-use)或按服务结果付费(Performance-based servicing)等模式。这些模式允许客户根据实际使用情况支付费用,降低了客户的初始投资成本。四是符合双碳发展战略。通过提供远程维护和升级服务,企业可以帮助客户延长产品的使用寿命,减少资源浪费和环境污染。五是增强竞争优势。企业通过服务化延伸为用户提供高质量的服务不仅能够吸引新客户,还能够保持现有客户的满意度和忠诚度,使企业能够在竞争中脱颖而出。六是促进技术发展。为了提供高质量的服务,企业需要不断开发和利用新技术,如物联网(IoT)、大数据分析、云计算和人工智能等。这些技术的集成和应用反过来也推动了制造业的技术进步。七是利用数据驱动决策。在服务化延伸模式下,企业能够收集大量的客户使用数据,这些数据可用于优化产品设计、改进服务流程和制定更有效的市场策略。

# 第 5 章

# 先进制造业与科技服务融合

## 5.1 先进制造业科技服务需求分析

### 5.1.1 战略践行需求

先进制造业科技服务融合发展是践行我国国家战略的要求。

一是我国高度重视先进制造业及其与科技服务的融合发展。党中央、国务院以及各级政府部门高度重视先进制造业及其与科技服务的融合发展。2014 年国务院印发的《关于加快科技服务业发展的若干意见》文件中,明确提出重点发展研究开发、技术转移、检验检测认证、创业孵化、知识产权、科技咨询、科技金融、科学技术普及等专业科技服务和综合科技服务,提升科技服务业对科技创新和产业发展的支撑能力。近年来的《政府工作报告》中,都将发展先进制造业作为重点任务摆在非常重要的位置。2019 年提出,围绕推动制造业高质量发展,强化工业基础和技术创新能力,促进先进制造业和现代服务业融合发展,加快建设制造强国。2020 年提出,支持制造业高质量发展;大幅增加制造业中长期贷款。发展工业互联网,推进智能制造,培育新兴产业集群;发展研发设计、现代物流、检验检测认证等生产性服务业。2021 年提出,对先进制造业企业按月全额退还增值税增量留抵税额,提高制造业贷款比重,扩大制造业设备更新和技术改造投资;增强产业链供应链自主可控能力,实施好产业基础再造工程,发挥大企业引领支撑和中小微企业协作配套作用;发展工业互联网,促进产业链和创新链融合,搭建更多的共性技术研发平台,提升中小微企业创新能力和专业化水平。

二是国家相关部委着力落实先进制造业及其与科技服务的融合发展。在党中央、国务院的领导下,各相关部委积极落实相关政策方针,着力落实先进制造业及其与科技服务的融合发展。2016年,国家质量监督检验检疫总局、国家标准化管理委员会、工业和信息化部三部委联合印发了《装备制造业标准化和质量提升规划》。2017年,科技部印发了《"十三五"现代服务业科技创新专项规划》。2019年,国家发展和改革委员会、工业和信息化部、国家互联网信息办公室等15个部门联合印发了《关于推动先进制造业和现代服务业深度融合发展的实施意见》。2020年,工业和信息化部、国家发展和改革委员会等15个部门联合印发了《关于进一步促进服务型制造发展的指导意见》。

### 5.1.2 国际竞争需求

先进制造业与科技服务融合是产业链发展的要求。

一方面,发达国家占有了高额的制造业增加值。国际上各个发达国家先进制造业科技服务空前发展,并获得了极其可观的收入。据统计,美国制造业的从业人员中,有34%从事服务类的工作,生产性服务业的投入占整个制造业产出的20%~25%。GE(通用电气)公司的"技术+管理+服务"所创造的价值已经占到公司总价值的2/3以上。英国罗尔斯-罗伊斯公司服务型收入占公司总收入的比重已经超过60%。而且World Bank数据库中显示,越是发达的国家,制造业增加值所占比重越大,发达国家与中低收入国家的制造业增加值之间存在着一条几乎不可逾越的鸿沟。

另一方面,发达国家占据了制造业高端产业链的绝对主导地位。

## 5.2 我国现阶段先进制造业与科技服务协同发展问题

从我国制造业发展现状和制造业与科技服务业融合情况的分析,我们发现,要实现中国制造向中国智造转变、中国速度向中国质量转变、制造大国向制造强国转变,还存在破解制约制造业高质量发展的瓶颈问题需要解决。

第一是缺乏产学研一体化的高效创新及转化机制。针对制造业技术创新与产业化出现断层的问题,要深化供给侧结构性改革,以行业需求为导向,整合现有创新资源,构建开放、协同、高效的服务平台,开展行业前沿和共性关键技术、先进制造基础工艺等方面研发和产业化推进工作,推动更多的创新产品和成果在企业开花结果。

第二是各类创新主体难以协同,创新效率受影响。技术创新攻关实践中的基础研究、应用研究、设计开发和工程化各过程是交叉联系的,要依托创新管理,推动各过程有效融合连接。这需要打通和建立高校、科研机构、政府和企业之间的紧密联系渠道,以市场为导向,有针对性地建立各方面协同创新的体制和平台,提高技术创新的效率和质量。

第三是创新资源配置不够高效、精准。需适应制造业创新发展新趋势,利用信息技术实现全要素、全产业链、全价值链的全面连接,实现以数据流带动技术流、资金流、人才流、物资流,促进各类资源要素优化配置和紧密协同,帮助企业将价值创造模式由单纯的供给产品转化为提供"产品＋服务"的服务型制造新模式,不断催生新业态、新模式、新产业,助力制造业发展向高端迈进。

第四是平台服务类型偏单一、有限。平台要改变过去提供信息咨询、产品检测、产业信息宣传等单一服务,加强融资担保、人才交流、质量检测技术指导、培训、国际合作等服务,提升服务和支撑产业创新的能力。特别是关于当前科技成果转化能力较弱的问题,需建立科技成果发布和共享模块,提供适合项目技术源和公共技术的服务,注重科技成果转化应用过程中出现的问题,对应用效果要有相应的跟踪研究,一旦遇到问题应及时反馈并解决,使科技成果充分发挥价值。

# 第 6 章

# 国外先进制造业科技服务发展现状与效果分析

## 6.1 总体发展情况

先进制造业不断吸收电子信息、计算机、机械、材料,以及现代管理技术等方面的高新技术成果,并将这些先进制造技术综合应用于制造业产品的研发设计、生产制造、在线检测、营销服务和管理的全过程,实现信息化、自动化、智能化、柔性化、生态化生产。先进制造业的智能化生产、个性化定制、网络化协同、延伸化服务等特点,使其不仅可以取得更好的经济收益,而且还能获得极佳的市场效果。因此,发达国家高度重视推动先进制造业与科技服务深度融合,加大科技服务技术研究和部署,以强大的科技服务业助力先进制造业抢占经济发展制高点。

一是科技政策供给服务为先进制造业营造良好发展环境。为推动本国先进制造业健康发展,美国、德国、英国、日本等发达国家纷纷打造服务型政府,根据本国具体实际,推出促进本国国内先进制造业发展的科技服务政策,为先进制造业营造良好的发展环境。美国、英国、德国、日本等发达国家在先进制造领域连续出台国家级重要文件,明确发展重点和政策目标,致力保持全球行业领导地位,打造技术高地,应对金融危机,解决劳动力成本上升和工业空心化问题。

二是政府指导下的科技服务平台促进先进制造业不断创新。美国从国家层面积极为先进制造业提供一揽子科技服务资源。美国科技门户 Science.gov 致力于打造联邦科技服务的入口,已经建立起的包括研发成果在内的权威联邦科技信息横跨 60 多个数据库、超过

2200 个网站、2 亿多个页面,形成了资源协同、跨数据库、跨网站、跨机构的科技服务巨型资源系统。

三是强大的信息服务业为先进制造业发展提供技术支撑。在先进制造业科技服务领域中,工业软件全面参与先进制造业的研发、运营与生产制造,具有极为特殊的地位。无论是工业软件,还是通用基础软件,美国都有极其雄厚的产业基础。

四是不断探索先进制造业技术理念和体系框架。从科技服务技术研究方面看,美国提出了工业互联网技术框架。德国提出了工业 4.0 技术框架。奥地利维也纳技术大学所提出的 SMART-FI 框架,具备了面向服务的架构和计算、数据协同、个性化服务协同、系统协同等特点。

# 6.2　美国先进制造业科技服务融合发展模式

## 6.2.1　科技服务业发展基本情况

美国将科学技术、经济、政治视为相互关联、不可分割的统一体。1994 年和 1996 年美国先后发布的《科学与国家利益》《技术与国家利益》等系列报告中提出,在此前的 50 多年里,技术是为美国带来高附加值和可持续发展的"唯一的、最重要的因素"。因此,美国高度重视科技服务业的发展,还于 1995 年发布了《联邦技术转移促进法》,意图通过支持产业主导的新技术研发项目,提升美国产业的竞争力,进而促进经济繁荣和国家安全。据统计,美国 2021 年科技服务业市场规模约为 7 万亿美元,远高于其数字经济产出的 3.7 万亿美元。美国的科技服务业极其发达,科技服务机构种类繁多,组织形式多样,专业化程度高,活动能力强,注重通过营造环境间接支持科技服务业发展。

美国科技服务业主要具有以下几方面的特点。一是政府支持。美国政府通过提供资金、制定政策和创造有利的环境来支持科技服务业的发展。这种支持不仅促进了国内技术创新活动的开展,还增强了美国企业的国际竞争力。二是全球竞争。美国科技服务业在国际市场上具有显著的影响力,美国企业在全球科技研发投入中占比最高。这不仅有助于美国保持其全球创新领导者的地位,也为其他国家提供了合作和发展的机会。三是以研发和设计为主导。美国科技服务业以研究与开发(R&D)和设计为主导,这反映了美国在全球科技创新中的领导地位。同时,美国也非常重视知识产权保护和技术创新成果的转化。

美国科技服务业不仅规模庞大,而且在推动国家创新能力和综合竞争力方面发挥着至关重要的作用,科技进步对经济增长的贡献率已经超过80%,完善的科技服务体系构成了美国科技服务业的核心。美国科技服务体系主要包括:为中小科技创新企业提供支持的美国中小企业管理局;提供知识产权服务的美国国家技术转让中心、联邦实验室技术转让联合体以及美国各个研究型大学的技术授权办公室;多种形式的企业行业协会;针对重大产业技术问题的技术联盟;公共技术服务机构等。全美最大的各类科技服务机构基本上都集聚在硅谷地区。

在美国,标准化是其科技服务的重要组成部分。美国的标准化体制是联邦政府、行业协会、私营机构协同合作,层层细化,以此促进本国产业发展,提高国际竞争力,同时也以更隐蔽和多样化的措施,达到构建非关税壁垒、保护国内市场的目的。

## 6.2.2 典型标准机构

### 1. 总体情况

美国作为全球科技强国和标准大国,制定发布了名目繁多的标准和法规。联邦政府负责制定一些强制性的标准,主要涉及制造业、交通、环保、食品和药品等。另有相当多行业标准组织和私营标准组织,组织产业界机构自愿参加编定和采用了众多的行业标准和团体标准,甚至是企业标准。外国产品如果需要进入美国市场,就必须满足相应的标准要求。通过这一分层分级多元化标准体制,美国形成了一系列数量众多、种类繁杂、要求苛刻的技术标准,为其国内产业构筑了一道道严密的保护屏障。据统计,美国现有5万多个技术法规和政府采购细则等在内的标准,以及4万多个私营标准机构、专业学会、行业协会等制定的标准,其中不包括一些约定俗成的事实上的行业标准。

美国标准化的发展历史与国家的政治、经济和社会发展紧密相关。从19世纪第二次工业革命开始,随着石油、铁路、采矿等工业的发展,美国开始出现垄断经济的寡头,这些经济巨头在推动产业发展的同时,也促进了标准化的发展。这一阶段的标准化活动为后来的标准化工作奠定了基础。近年来,美国更加认识到,在全球化和技术快速发展背景下,标准化的重要性日益增强,其标准战略也更加强调了标准的国际化。

美国通过制定强制性标准和指导性标准来实现政府对产业发展的干预。首先,美国的标准化体系以产业界自治为基本特征,主要由美国国家标准学会(ANSI)负责协调。这个体系在大多数情况下是由私营企业主导的,但在涉及重大公众利益和公共资源的领域,如无线通信、环境保护、食品安全等,美国政府会通过制定强制性标准确保公共利益得到保护。这些强制性标准是法律规定必须遵守的,对相关产业的运作和发展具有直接影响。其次,美国政府还通过制定指导性标准引导产业的发展方向。指导性标准虽然不具有强制性,但它们提供了行业最佳实践和推荐做法,帮助企业提高竞争力,同时促进技术创新和市场准入。例如,美国政府通过提供资金支持和政策引导,鼓励中小企业参与国际标准的制定,以强化美国在全球竞争中的实力。第三,美国包括政府机构和私营部门在内大约有 700 个机构参与标准的制定。这种多元化的标准制定体系确保平衡了各方的利益,同时也体现了政府在关键领域的干预作用。

为促进美国在全球标准化活动中发挥领导作用,推动其国内经济的持续发展和国家竞争力的提升,还在 2000 年发布了《美国标准战略》。该战略是美国在标准化领域的一次重要政策举措,为美国的标准化活动提供了明确的方向和目标。一方面,该战略重申了美国致力于以部门为基础的方法进行国内及全球范围内的自愿性标准化活动。这体现了美国在标准化领域的开放和多元态度,同时也反映了其对标准化活动在推动经济发展和提升国家竞争力方面的重视。另一方面,该战略还建立了一个标准化框架,旨在整合各种标准化活动,并确保其能够满足不同利益群体的需求。通过开发战略与战术方针,该框架使得各种利益者能够利用这些方针,以满足他们本国及各自组织的目标。此外,该战略还强调了标准化活动在促进美国卫生与安全、推动创新、提升竞争力以及建立更公平开放的全球贸易体系方面的作用。这些目标不仅体现了美国对标准化活动的全面认识,也反映了其对标准化在推动国家发展方面的期望。该战略的制定过程是一个庞大而多元化的团体协调努力的结果。这些团体包括政府、行业、标准开发组织、集团、消费者团体和学术界等,代表了各种利益相关者的利益。在整个制定过程中,所有参与人员都承诺以开放、平衡和透明的方式制定战略,确保最终的战略能够广泛代表各标准利益相关方的愿景,并反映出美国标准体系的本质多样性。

《美国标准战略》设定了下述雄心勃勃的国际战略目标:

- 在全世界范围内,对任何一种产品、流程或服务项目,只能有一个全球公认的标准,和一种全球公认的测试方法,并执行统一的评估程序。
- 政府在管制和采购中,采纳产业界自愿达成一致的标准。
- 上述体系应有一定的灵活性,以保障美国的产品和服务得到公平的待遇。
- 对一些技术领域,应尽量通过 ISO 和 IEC 实现全球标准的统一。其他技术领域可由其他标准组织从事统一工作,美国将对所有国际标准化工作予以持续有效的支持。

- 应充分利用现代电子技术手段,再造标准制定和发布的过程。因为这将可能在加快工作进度的同时,压缩成本,并使标准化的成果更方便、快捷地为人们所用。

美国尤其重视在关键和新兴技术领域的标准作用,还在 2023 年发布了《美国政府关键和新兴技术的国家标准战略》,旨在加强美国在关键和新兴技术领域的领导地位,推动美国科技创新和经济发展,并提升其在国际标准制定中的竞争力。首先,该战略强调了关键和新兴技术对美国经济和国家安全的重要性。这些领域包括人工智能、生物技术、通信系统、半导体、量子信息、数字身份基础设施、清洁能源发电和全球定位系统等,这些技术的发展和应用对于推动美国经济增长、提升国家竞争力具有重要意义。其次,该战略提出了四个关键目标,以推动美国在关键和新兴技术领域的发展。首先,在投资方面,战略将加强对标准化前研究的投资,促进创新、前沿科学和转化研究,以推动美国在国际标准制定方面的领导地位。其次,在参与方面,美国将与更多的企业、学术界和其他主要利益攸关方合作,弥补差距,加强美国对标准制定活动的参与。第三,在劳动力方面,美国将加强教育和培训利益相关者,以确保有足够的人才支持关键和新兴技术的发展。最后,在完整性和包容性方面,美国将确保标准制定过程在技术上合理、独立,并响应共享市场和社会需求,同时联合世界各地的盟国和伙伴,促进国际标准体系的完整性。此外,该战略还强调了国际合作的重要性。美国将积极寻求与全球伙伴在关键和新兴技术领域的合作,共同推动技术创新和标准化工作的发展。这种合作模式将有助于加强国际技术交流和合作,推动全球科技进步。

### 2. NIST

美国国家标准与技术研究院(National Institute of Standards and Technology,NIST)直属美国商务部的一个机构,是美国政府在技术标准的推广、评估和扶持工作的主要载体,是美国政府标准化政策的主要实施者,代表政府管理标准化,并负责美国联邦、州及地方政府标准及合格评定工作的协调工作。其历史可以追溯到 1901 年美国商务部设立的国家标准局(NBS),1988 年 8 月经美国总统批准改为美国国家标准与技术研究院。

美国在 1995 年发布的《国家技术转让与促进法》中,扩大了政府在促进、扶持和推广技术标准方面的职能。根据该法令,美国国家标准与技术研究院(NIST)承担起和产业界合作的职能,促进技术、测量方法和标准的应用。NIST 是目前联邦政府中唯一一个肩负着向产业界推广技术标准职能的政府部门,在美国标准化领域拥有独特的地位,既是标准化政策的制定者和实施者,又是标准化活动的协调者和技术支撑者,同时也是贸易推动的重要力量。

它通过其全面的工作,有力地推动了美国的经济发展和国家竞争力的提升。

首先,NIST 是美国标准化活动的战略管理者和技术服务中心。它以集科研、计量、标准化和技术创新于一体的实力与优势,确定了美国国家标准研究中心的地位。NIST 的标准化业务工作包括标准制定业务,广泛参与了特殊领域的标准制定。其次,NIST 在美国标准化领域发挥着重要的协调作用。这主要体现在行政协调职能和以技术优势为支点的协调上。NIST 协调各种标准化活动,确保它们能够满足不同利益群体的需求,并通过制定战略与战术方针,使得各种利益者能够利用这些方针满足他们的目标。再者,NIST 在技术支撑方面的作用也不可小觑。美国的技术创新和进步很大程度上依赖于 NIST 的技术和能力。NIST 能够全面提供高价值,创新经济增长方面至关重要的测量学、工具和标准,通过推进对国家经济十分关键的一些战略性领域的测量学、标准和技术发展,提高美国的创新力和产业竞争力。此外,NIST 在贸易推动方面也发挥着积极作用。它积极参与可能对全球标准产生重大影响的标准化技术委员会工作,加强对主要贸易国官员的培训,支持重要的贸易协定,并提供相关信息咨询,以推动全球贸易的发展。

### 3. ANSI

美国国家标准学会(American National Standard Institute,ANSI)是总部设在纽约的一家非营利性民间标准化团体,是美国技术标准领域最重要的管理者和协调者,也是美国政府有关系统和民间系统在标准领域相互配合的纽带。它的起源可以追溯到 1918 年成立的美国工程标准委员会(AESC)。当时,由于工业时代已经逐渐成熟,但产业标准之间缺乏协调,美国政府认为这对其国家级的工业化发展造成了不利影响,就将美国材料试验协会(ASTM)、与美国机械工程师协会(ASME)、美国矿业与冶金工程师协会(ASMME)、美国土木工程师协会(ASCE)、美国电气工程师协会(AIEE)等多个标准协会组织起来,在美国商务部、陆军部和海军部 3 个政府机构的参与下,共同发起成立了 AESC。AESC 经过多次更名后,于 1969 年 10 月改名为 ANSI。ANSI 有 250 多个专业学会、协会、消费者组织以及 1000 多个公司(包括外国公司)参加,目前是美国在世界标准组织(如 ISO 和 IEC 等)的唯一正式代表,代表着广泛的经济利益集团,包括制造商、技术专家、消费者代表等。ANSI 通过其标准战略,不断更新和完善国家标准,以适应不断变化的环境和技术进步。

虽然 ANSI 名义上只是美国一家非营利性质的民间标准化团体,但是美国国家标准局的工作人员和美国政府的其他许多机构的官方代表都通过各种途径参与 ANSI 的工作,使之起到了联邦政府和民间标准化系统之间的桥梁作用,并成为事实上的美国国家标准化中心,各界标准化活动都围绕着它进行。ANSI不仅协调并指导全国标准化活动,为标准的制定、研究和使用单位提供帮助,还提供国内外标准化情报,也起着行政管理机关的作用。ANSI还开展对产品认证机构、质量体系认证机构、实验室和评审人员的认可业务,制定认可政策和认可计划,借助其他机构的力量将其自身的触手延展至整个美国的各个角落。ANSI还以其美国国家代表的身份积极参加相关的国际会议和活动,推动全世界的信息技术设备建立相互认可关系,实现统一标准、统一技术要求、统一解释,达到对标准和技术要求的一致理解,从而达到其控制全球科技发展的目的。

### 6.2.3 典型联盟

#### 1. 总体情况

美国在其先后发布的《先进制造业领导力战略》和《先进制造业国家战略计划》中,极为重视为美国制造业注入新活力的重要性以及构建制造业供应链弹性的紧迫性,并将产业联盟等平台组织建设作为其重要抓手。以美国工业互联网联盟、美国国家制造创新网络等为代表的工业互联网新兴联盟和机构,在组织架构、功能价值等方面均体现了美国国家战略意图,在促进工业数字化、互联化、智能化转型升级和推动美国主导的信息技术与制造技术深度融合、保证美国全球领导能力方面发挥着极其重要的作用。

#### 2. 美国工业互联网联盟

美国工业互联网联盟(Industrial Internet Consortium,IIC)于2014年3月成立,由AT&T、思科、通用电气、IBM和英特尔等行业龙头企业联合发起。联盟下设指导委员会和工作委员会,指导委员会负责日常管理,其主要使命是推动工业互联网的创新和应用,通过制定标准、促进合作、推动技术研发等方式,推动工业互联网技术快速发展。它积极组织和参与国际技术交流与合作,以应对工业互联网发展带来的机遇和挑战。

美国工业互联网联盟聚焦在技术、安全、试验平台市场营销、会员和法律领域,职责是协调降低应用工业互联网的障碍,加快工业互联网技术的应用,通过多种途径鼓励并实现产业创新,具体措施包括:

- 参与互联网和工业系统的全球标准流程制定;
- 促进开放式论坛的发展,以分享和交流技术理念与实践经验;
- 协调工业互联网的优先事项和实现技术;

- 针对互联的机器和设备、智能分析功能,以及工作中的人员,加速其开发、应用和推广使用。

为指导工业互联网平台的设计和开发,美国工业互联网联盟在 2015 年 6 月首次公开发布了工业互联网参考架构(IIRA)的 1.0 版本,随后又于 2017 年 1 月、2019 年 6 月发布了更新版本。IIRA 涵盖工业互联网平台所需的各项功能,为企业的数字化转型和智能化升级提供了重要支撑。其中概括了工业互联网系统的主要特点,在实施工业互联网解决方案前必须考虑的各项要点,并分析了工业互联网的主要问题(包括安全与隐私、互操作性和连通性),这为工业互联网系统的各要素及相互关系提供了通用标准。

首先,IIRA 明确了工业互联网平台应具备的基本功能,包括数据采集、数据处理、数据分析以及工业 App 的开发、测试和部署等。这些功能共同构成了工业互联网平台的核心,为企业提供了从数据收集到应用部署的全流程支持。其次,IIRA 从商业视角、使用视角、功能视角和实现视角四个层级对工业互联网平台进行了全面描述。这四个层级相互关联,共同构成工业互联网平台的完整框架。商业视角关注企业的愿景、价值观和目标,使用视角关注用户需求和操作体验,功能视角关注平台的功能实现,而实现视角则关注平台的技术实现和部署。此外,IIRA 还强调了工业互联网平台的系统特性,包括系统安全、信息安全、弹性、互操作性等。这些特性确保了工业互联网平台的稳定运行和高效协作,为企业提供了可靠的技术保障。

美国工业互联网联盟起初在核心企业的积极参与下成立,大大提升了其活跃度和引领价值,并为行业企业树立了标杆。该联盟还通过建立专业工作组,带动相关领域的其他企业加入联盟或平台,有效提高了联盟的影响力。此外,IIRA 的制定一直有核心企业的引领以及制造业、软件、互联网等领域知名企业的参与,确保了相关参考架构在技术研究、产品研发、产线部署等各方面的引领性和全面协调性。

### 3. 美国国家制造业创新网络

为促进产业界、学术界和政府之间的合作,以推动新兴技术的发展和投资,重塑美国制造业的全球领导地位和竞争力,2011 年美国总统科技顾问委员会(PCAST)建议成立"先进制造业伙伴关系"(AMP),通过与政府机构、工业界和学术界协作,将基础研究的成果与早期应用相结合,强化未来产业发展。AMP 指导委员会提出的建议之一就是设立"国家制造业创新机构网络"。随后在 2012 年美国国家制造业创新网络(NNMI)成立。

美国国家制造业创新网络是一种由政府牵头主导的联盟,确切地说,它是由美国总统直接领导的联盟,美国国防部(DOD)、美国能源部(DOE)、美国国家航空航天局(NASA)、美国国家科学基金会(NSF)以及美国教育部(ED)、美国农业部(USDA)、美国卫生与公众服务部(HHS)和美国劳工部(DOL)共同合作开展此项工作。美国国家制造业创新网络由美国先进制造业国家计划办公室负责运营,该办公室总部设在美国商务部(DOC)下属的美国国家标准与技术研究院(NIST)。

NNMI愿景是实现美国在先进制造业的全球领导地位,任务是连接人、概念和技术,解决行业内的先进制造业挑战,从而提高产业竞争力,促进经济增长,并加强国家安全。其三个目标是取得产业技术进步,促进创新技术有效应用到规模化、高性价比和高性能的国内制造能力;加速先进制造业劳动力的发展;建立支撑创新研究所可持续发展的商业模式。

为实现上述宏大愿景,推动先进制造技术向产业转移、向生产力转化,美国国家制造业创新网络初期总投资预算达15亿美元,拟建立45家创新中心。2012年8月,首家制造业创新研究所——国家增材制造创新研究所(后更名为"美国制造")在俄亥俄州扬斯敦成立。随后又陆续成立了数字制造和设计创新研究所、轻量和现代金属制造研究所、下一代电力电子制造创新研究所、先进复合材料制造创新研究所、美国制造集成光子研究所、美国柔性混合电子制造研究所等创新机构。

美国国家制造业创新网络的核心单元是制造业创新中心(以下简称创新中心)。它通过政府牵引、企业主导、高校和科研机构支持,充分整合各种创新资源,形成了一个"产学研政"合作共赢的创新生态系统,打通了先进制造技术从基础研究到应用研究,再到商品化、规模化生产的创新链条,为美国制造企业提供经过验证的先进制造技术和应用示范,促进前沿创新技术向规模化、经济高效的制造能力转化。

由美国国防部牵头组建成立的数字制造与设计创新机构(DMDII)作为美国国家制造创新网络的重要组成机构,在美国先进制造业的发展中扮演着举足轻重的角色。该机构由美国国防部牵头成立,旨在通过推动数字化制造和设计领域的创新,提升美国制造业的竞争力。DMDII吸收了一大批工业企业,相关院校、研究所、商业组织,以及机械制造业、流程制造业、软件业的诸多巨头加入,如波音、洛克希德、马丁、通用电气、罗尔斯·罗伊斯、微软等。数字制造与设计创新机构将自身定位为美国制造商的"知识枢纽"(Intellectual Hub),主要推动数据在产品全寿命周期中的交换以及在供应链网络间的流动,推进数字化、智能化制造。数字制造与设计创新机构提出聚焦先进制造企业、智能机器、先进分析和网络物理安全,给出相关领域的研究重点。美国DMDII的运作模式如图6.1所示。

DMDII的主要目标和任务包括以下几方面。一是建立国家级的数字化制造和设计创

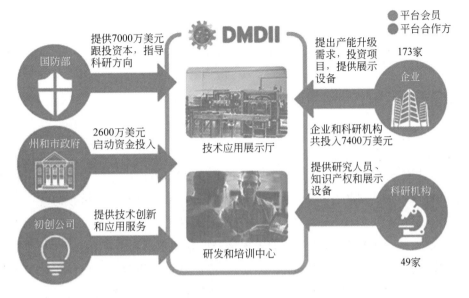

图 6.1　美国 DMDII 的运作模式（见彩插）

新平台,推动相关技术和解决方案的研发与应用。通过整合行业资源、促进产学研合作,DMDII 帮助美国制造业企业解决在数字化制造和设计过程中遇到的技术难题,提高生产效率和质量。二是降低制造业企业采用新技术的风险。DMDII 通过制定和应用建模和仿真工具,为制造业企业提供更加有效的生产复杂系统的方法,并加速产品推向市场的速度。这有助于减少企业的时间和成本投入,提升市场竞争力。三是培养和吸引数字化制造和设计领域的人才。DMDII 与高校、研究机构等合作,共同开展人才培养和技术研发工作。通过提供实习、奖学金等机会,吸引更多的年轻人投身到这一领域,为美国制造业的持续发展提供人才保障。此外,DMDII 还积极参与国际合作与交流,与其他国家和地区的先进制造业组织建立合作关系,共同推动全球数字化制造和设计领域的发展。通过与国际伙伴的合作,DMDII 得以汲取全球创新资源,进一步提升美国制造业的技术水平和国际竞争力。值得一提的是,近年来 DMDII 在推动美国制造业数字化转型方面取得了显著成果。通过应用大数据、人工智能等先进技术,DMDII 帮助制造业企业实现了生产过程的智能化管理和优化,提高了生产效率和产品质量。同时,DMDII 还积极推动制造业与服务业的融合,开拓新的商业模式和市场空间。

# 6.3 德国先进制造业科技服务融合发展模式

## 6.3.1 模式简介

德国科技服务业的发展历程是一个充满变革与创新的过程,它紧密地与国家整体的经济、社会和科技发展状况相互交织。19世纪末,德国开始了由普鲁士引领的统一进程。在这一过程中,德国意识到技术落后和人才缺乏是国家发展的主要障碍。因此,德国开始大力发展现代大学,致力于教育、技术学习和人才培养。这一举措为德国在20世纪初成为世界科技发展的前沿国家奠定了坚实基础。然而,二战的爆发和战败给德国的科技服务发展带来巨大冲击。战争导致德国经济和社会受到毁灭性打击,大量优秀科技人员流失。这使得德国在战后初期面临科技整体水平落后的困境。然而,德国政府很快认识到科技创新对于国家复兴的重要性。因此,在战后重建过程中,德国政府高度重视工业基础与技术创新的结合。随着两德的统一,德国政府制定了一系列促进科技创新的战略规划,并辅以政策举措的配合,以加大科技投入,建立完善的科技管理体系和研发体系。这些努力使得德国重新回到科技大国和创新强国的行列。进入21世纪,德国科技服务发展继续保持强劲势头。德国在人工智能、量子技术、清洁能源等领域取得了显著进展。德国政府还推动了欧盟的成立,深化欧洲科技合作,以拓展科研力量。此外,德国还注重改善高校和科研发展环境,成立了技术转移与创新机构,以支持社会和技术创新。

德国推进现代服务业与先进制造业深度融合存在以下三种模式。一是生产制造商向服务商转型。制造商通过物联网应用,开展产品应用实时监测,做好数据采集,通过数据监测分析,向产业下游延伸,做好售后服务。同时,通过数据反馈,向产业上游延伸,为研发设计提供数据支撑,开展个性化定制等新型服务。二是服务商向生产服务综合型企业转型。"得用户者得天下",服务商更接近终端用户,有了解用户需求行业需求的优势,通过数据采集分析,在精准分析用户需求的基础上,整合产业上下游资源,向生产制造销售服务一体化综合服务商转型,实现"服务业制造化"的思想。三是知名企业发展衍生服务业。德国制造业企业十分重视依托主业培育衍生服务业,如工业旅游。培训团成员亲身体验了空中客车公司、万宝龙等企业开展的企业旅游服务。事实上,德国是世界上最早进行工业旅游的国家之一。

工业旅游不仅让游客了解"德国制造"的生产过程,还借此提升企业形象,扩展企业盈利,甚至还成为许多城市的"旅游经济发动机"。据统计,德国游客平均每年达到 4 亿人次左右,其中 1/3 与工业旅游及德国制造相关,工业旅游作为一种新业态其重要性引人注目。

## 6.3.2　德国科技服务业典型企业或其他机构平台

### 1. 德国四大骨干科研机构

弗劳恩霍夫应用研究促进协会(Fraunhofer-Gesellschaft)、马克斯·普朗克科学促进学会(Max Planck Institute for the Advancement of Science)、亥姆霍兹联合会(Helmholtz Association of German Research Centres)和莱布尼茨科学联合会(Leibniz-Gemeinschaft)四所官办性质的非营利科研机构,是德国最重要的基础和前沿领域研究的科研力量,如表 6.1 所示,也是德国国家长期战略性重点基础研究项目的主要承担者。它们不仅为德国制造业提供了强大的科研支撑和源源不断的创新动力,还通过国际合作和交流推动了全球制造业的科技进步。未来,这些机构将继续发挥关键作用,推动德国乃至全球制造业持续发展和繁荣。

表 6.1　德国四大骨干科研机构

| 名　　称 | 简　　介 | 主 要 特 征 |
|---|---|---|
| 弗劳恩霍夫应用研究促进协会 | 是德国也是欧洲最大的应用科学研究机构,涵盖全部工程科学领域 | 应用型研究为主;<br>可转换为新产品、新工艺和服务产业的成果;<br>客户以中小企业为主 |
| 马克斯·普朗克科学促进学会 | 是德国政府资助的全国性学术机构,其前身是威廉皇家学会(成立于 1911 年),总部设立在慕尼黑,其下属研究所遍布德国各州 | 基础研究为主;<br>研究专业多,具有跨学科研究氛围;<br>为大众服务和弥补大学研究的不足 |
| 亥姆霍兹联合会 | 原名"大科学中心联合会",是德国最大的科研团体,在国际学术界代表着德国的国家科技研究形象 | 着眼未来应用的基础研究为主;<br>大型重大科学项目;<br>德国唯一能提供对科学界、社会和经济界具有重要意义的复杂性问题解决方案的组织 |
| 莱布尼茨科学联合会 | 下辖研究机构分布在全国各地,其中约 40 个研究所设在原东德地区 | 为成员机构提供科研条件,促进成员机构的科学合作;<br>部分科研政策或咨询相关的高端咨询任务 |

弗劳恩霍夫应用研究促进协会是德国和欧洲最大的应用科学研究机构,专注开发对未

来至关重要的关键技术,并致力于将这些技术商业化。它在德国的创新过程中发挥着核心作用,拥有大量研究机构和专利,对德国先进制造业的发展产生了深远影响。弗劳恩霍夫协会在将科研成果转化为生产力方面尤为出色,例如,1998年世界上第一台MP3就诞生于其集成电路研究所,这充分证明了其在应用科技研究方面的实力。

马克斯·普朗克科学促进学会则主要从事自然科学和人文科学的基础研究,拥有众多研究所和科学家,涵盖生物医学、化学、物理、技术学以及人文科学等多个领域。其任务包括支持新研究领域的开辟,以及与高等院校的合作和提供大型科研仪器。这种基础研究为德国先进制造业提供了坚实的理论支撑和源源不断的创新动力。

亥姆霍兹联合会作为德国最大的科研团体,以科学自治的方式致力于国家和社会的长期研究目标,包括基础研究。它将多个科学技术和生物医学研究中心联合起来,涵盖了多个研究领域,拥有大量员工和庞大的年度预算。这些研究中心向全世界的学者开放,为德国先进制造业的科技进步和国际合作提供了广阔的平台。

莱布尼茨科学联合会则面向国际交流合作以及实际工程问题的基础性研究,把自己看作大学、工业界、政界和政府机关的合作伙伴。其研究所涵盖人文与教育、经济、生命科学、数学、自然科学与工程以及环境科学等多个学科领域,进行具有国际水平的、面向实际应用的基础研究。这些研究所的实力体现在研究课题的多样性和研究科目的交叉性上,为解决教育、科研和技术领域的未来任务提供了有力支持。

### 2. 其他德国科学基金会

德国拥有众多科学基金会,这些基金会致力于促进知识和技术的转移、科学与经济的结合以及创新潜力向实践的转化。这些基金会在德国的优势产业如汽车、机械制造、航空航天、能源和环境等领域发挥了重要的作用,对德国的先进制造业科技服务领域产生了深远的影响。德国科学基金会是德国最重要的科学资助机构之一,主要支持自然科学和人文科学领域的基础研究,注重促进科研合作、培养科研人才以及推动科技成果转化为实际生产力,并通过资助项目和研究机构、设立研究中心和实验室等方式,促进科研成果的产出和技术的创新。史太白经济促进基金会(STW)是另一个在德国享有盛誉的科学基金会,它专注于推动应用研究和创新技术的商业化,通过资助创新项目、建立创新中心和孵化器等方式,支持初创企业和中小企业的发展,并通过与企业的合作,将科研机构的研究成果转化为实际应用,特别是在汽车、机械制造等德国传统优势产业中发挥了作用。此外,德国还有许多其他的科学基金会,如亚历山大·洪堡基金会等,它们各自都有不同的侧重点和资助领域,从不同环节促进德国科学研究和技术创新。

　　这些科学基金会在德国先进制造业科技服务领域的作用主要体现在以下几方面。一是通过资助科研项目和实验室建设,为德国制造业提供了强大的科研支撑。这些科研项目涵盖从基础研究到应用研究的各个层面,为制造业的创新发展提供了源源不断的动力。二是通过促进产学研合作,推动了科技成果的转化和应用。它们支持企业、高校和科研机构之间的合作,加速了新技术的开发和商业化进程,推动了制造业的技术升级和产业升级。三是通过资助人才培养和交流项目,为德国制造业培养了大量高素质的研发和管理人才。这些具备创新精神和实践能力的人才,成为德国制造业持续发展和保持竞争力的关键。

# 6.4　日本先进制造业科技服务融合发展模式

## 6.4.1　日本先进制造业及其科技服务融合背景

　　日本科技服务业的发展历程可以分为以下几个阶段。在 20 世纪 20 年代至二战期间,日本科技服务业的发展较为缓慢,受战时控制经济体制的影响,制造业比重急剧扩大,而科技服务业的比重相对下降。在二战后至 20 世纪 70 年代期间,日本经济重建,制造业迅速崛起,特别是在朝鲜战争期间,日本的制造业吸收了美国的科技成果,实现了快速发展。随着工业化的升级,科技服务业就业人数占比开始缓慢上升。在 20 世纪 70 年代至 20 世纪 90 年代期间,日本逐步取代美国成为全球家电领域的领先者,索尼、松下、日立、本田、丰田等制造业企业取得了举世瞩目的成绩。但是,自此日本的经济增长率中止了高速增长趋势而开始下滑,制造业的 GDP 在 1989 年占比达到峰值 26.5％后进入产业结构调整期,科技服务业(尤其是信息服务业和咨询服务业)开始加速发展。在日本,制造业规模于 1995 年达到美国的 98.46％以后,由于受到美国动用的广场协议、打击东芝等一些非常规手段的打压,日本开始进行科技体制重大变革,颁布了《科学技术基本法》,开始构建系统、独立、连续的科技政策体系。此后,每五年制定一期的《科学技术基本计划》(后更名为《科学技术创新基本计划》),为推进科技创新发展提供了政策支持。日本政府密集制定、修改并颁布了一系列法律法规及政策,其中包括日本版"拜杜法案"——《产业活力再生特别措施法》,具体见表 6.2。在良好的科技政策支持下,日本工业界以第四次工业革命为契机,积极创新,进行国际化战略布

局,表现出强劲的国际竞争力,日本制造业世界排名也从 2013 年的世界第十位上升到 2023
年的世界第三位。

表 6.2　日本科技成果转移转化与创新相关法律法规及政策

| 时　间 | 法律法规 | 主要内容 |
|---|---|---|
| 1998 年 | 制定《大学技术转移促进法》 | 在大学设立 TLO(技术授权办公室) |
| | 修改《研究交流促进法》 | 允许廉价使用与产学共同研究有关的国有土地 |
| 1999 年 | 设立《中小企业技术创新制度》 | 日版《小企业技术创新计划》 |
| | 制定《产业活力再生特别措施法》 | 日版《拜杜法案》,规定大学对运用国家经费进行共同研究取得的专利具有所有权;对国家批准的 TLO 实施 3 年专利费和专利审查费减半政策 |
| 2000 年 | 制定《产业技术能力强化法》 | 允许认定的 TLO 无偿使用国立大学的设施;允许国立大学教师到企业、TLO 兼职 |
| 2002 年 | 修改"藏管一号"(通令) | 允许大学建立的风险企业使用国立大学的设施 |
| | 修改《大学技术转移促进法》 | 批准创办 TLO 采取更加灵活的政策 |
| | 制定《知识产权基本法》 | 实施国家知识产权战略、成立知识产权战略本部、将科技成果转化作为工作重点 |
| 2003 年 | 修改《学校教育法》 | 建立工程学位的研究生院制度,学院、学科设置更加灵活;引入外部认定制度 |
| | 实施"共同试验研究费总额的税额扣除制度" | 产、学、官合作,委托研究项目享受 15% 的税额扣除率 |
| 2004 年 | 实施《国立大学法人法》 | 教职员工不再是公务员身份;大学里的职务发明归大学所有;大学出资设立自己的 TLO,负责研发成果推广应用 |
| | 实施《专利法等部分修改法案》 | 修改有关大学、TLO 专利费用的缴纳 |
| 2005 年 | 修改《专利法》第 35 条 | 解决职务发明纷争不断问题,允许单位与发明人自由协商收益分配 |
| 2007 年 | 修改《产业技术能力强化法》 | 日版《拜杜法案》的长期化 |
| 2013 年 | 发布《科学技术创新综合战略》 | 提出要从"智能化、系统化、全球化"的角度,推动科技创新,使之成为日本经济复兴的引擎 |
| 2014 年 | 改"综合科学技术会议"为"综合科学技术创新会议" | 通过推进科技创新政策的司令部,构建权威的科技政策决策机制,强化政府主导,使内阁在推进科技战略过程中统筹、高效及精准施策 |
| 2016 年 | 提出"超智能社会"(Society 5.0) | 依靠信息通信技术和物联网等数字领域的创新解决社会中存在的各种问题 |

## 6.4.2　日本先进制造业科技服务融合发展典型模式

### 1."官产学研"结合模式

日本先进制造业科技服务融合发展具有显著的"官产学研"特点,这种合作模式不仅推动了日本制造业的技术创新和产业升级,也为全球制造业的发展提供了有益的借鉴和启示。

首先,官方在政策制定和推动方面起到了关键作用。日本政府通过制定一系列政策,鼓励并支持产学研之间深度合作。例如,设立专门机构来协调产学研各方,提供资金支持,以及建立法律法规来保障合作各方的权益。这些政策为产学研合作提供了稳定的制度环境和良好的发展氛围。例如,日本 2014 年出台的《生产率提高设备投资促进税制》,通过减税、补贴等方式降低技术应用推广成本及企业采购成本,有效推动了传统汽车、家用电器、机械等优势制造业的升级改造和大数据、物联网、纳米技术等新技术的应用与普及。

其次,产业界在产学研合作中扮演着重要的角色。日本企业对技术研发和创新非常重视,他们不仅是科技成果的需求方,也是研发资金的主要提供者。通过与大学和研究机构的合作,企业可以获得前沿的技术和人才支持,加速科技成果的转化和应用。同时,企业也积极参与到产学研合作的项目管理和实施中,确保合作项目能真正满足市场需求。

第三,学术界和研究机构在产学研合作中发挥着核心作用。他们不仅拥有先进的研发设备和优秀的人才队伍,还具备深厚的学术积累和研究经验。通过与产业界的合作,学术界和研究机构可以更好地了解市场需求和技术发展趋势,调整研究方向和内容,提高研究成果的实用性和针对性。同时,他们还可以为企业提供技术咨询和解决方案,帮助企业解决技术难题,提升竞争力。

第四,产学研合作注重实效性和应用导向。合作项目通常以解决实际问题为目标,注重实践应用和经济效益。在合作过程中,各方会共同制定研发计划和实施方案,确保项目能够顺利进行并取得预期成果。同时,他们也会加强对合作项目的评估和监管,确保资金的有效使用和项目的实际效果。

### 2.寡头垄断和逐级承包交织模式

日本先进制造业产业领域的研发服务和设计服务等科技服务市场还具有寡头垄断和逐级承包的特点。

一方面,在日本先进制造业科技服务市场中,富士通、日本 IBM(日本国际商业机器)、日立制作所、NEC(日本电器)以及 NTTDATA(日本电报电话数据)等少数几家大型科技服务公司或企业集团占据了主导地位,他们拥有强大的研发实力、技术积累和市场份额。这些寡头企业通常具备深厚的行业背景和技术实力,能够提供从基础研发到产品设计、制造等全方位的服务。这些寡头企业由于在技术、资金和市场等方面有很多优势,因此承担了来自日本制造业、金融保险业以及日本政府的绝大部分信息服务需求任务,其他小型或新进入的科技服务公司很难与之竞争,从而形成了寡头垄断的市场格局。

另一方面,上述大型科技服务公司或企业集团通常会将部分业务或项目承包给中游或下游的企业,如住友情报系统、新日铁住金解决方案、日立软件、伊藤忠科技解决方案、NEC软件等。这些中游和下游企业往往专注于某一特定领域或技术环节,具备较高的专业性和灵活性。通过逐级承包,大型科技服务公司能够充分利用外部资源,降低运营成本,提高研发效率。同时,这也为中游和下游企业提供了更多的发展机会和市场空间。

通过寡头垄断和逐级承包的相互交织,日本先进制造业科技服务市场不仅充分发挥了寡头企业强大的服务实力和技术优势,使得整个产业链更加紧密和高效,同时也促进了技术的创新和应用。

### 3. 科技服务中介模式

日本先进制造业还以科技服务中介机构为纽带打造产业集群。国立科技中介机构中,比较有代表性的机构包括产业技术综合研究所(AIST,隶属经产省)、新能源产业技术综合开发机构(NEDO,隶属于通产省)、日本中小企业事业团(隶属日本通产省)、日本科学技术振兴机构(隶属日本科技厅)、日本中小企业风险投资振兴基金会(通产省指导,公立性质)等;民营私营机构中,比较有代表性的机构包括先进科学技术孵化中心、关西 TLO 公司、东北技术使者、日本大学国际产业计算商务育成中心、早稻田大学外推实验室、TAMA-TLO 等。

由于大学与科研院所一般都拥有先进的研发设施和一流的研发人才,是科技成果的重要产出团体,因此日本就出现了一类特殊的中介机构——TLO(Technology Licensing Office,技术许可办公室)。TLO 以"高新技术创业服务中心""科技园地"等不同的面目出现,重点面向企业开展大学与科研院所的科技成果转化服务,包括科技信息服务以及对科技成果的鉴定、评估、市场价值调研、专利申请、专利转让合同签署、帮助企业筹措资金、成果转化后的跟踪等全链条服务,为大学与企业间开展合作研究、委托研究搭建了高效的对接渠道,促进了产学研间的开放创新。TLO 分两类:承认型 TLO 和认定型 TLO,具体情况见

表 6.3。

表 6.3　日本 TLO 类型

| TLO 类型 | 审 批 机 构 | 经 营 范 围 | 优 惠 政 策 |
|---|---|---|---|
| 承认型 | 文部省和经产省共同批准 | 涉及各种产权性质的大学科研院所及个人拥有的知识产权交易 | 最多可享受 3000 万日元的年度财政补贴和上限为 10 亿日元的贷款担保 |
| 认定型 | 文部省或各省主管大臣(一般由政府支持下的科研院所衍生而来) | 专门负责国有知识产权的科技成果转化工作 | 不能享受财政补贴和贷款担保,但可获得专利申请费减免 |

　　日本在资金支持等方面,为 TLO 提供了良好的扶持政策,不仅可以无偿使用国有设施(含大学设施),还支持国立大学向相关的 TLO 投资,并允许国立大学研究人员在自己研究成果的转化机构兼职。按照 TLO 出资方与大学和科研院所之间的关系,TLO 分为内部型、外部型和区域型三类,具体见表 6.4。

表 6.4　日本 TLO 组织结构类型

| TLO 类型 | TLO 定义 | 资 金 来 源 | 举 例 |
|---|---|---|---|
| 内部型 | 指大学自己单独设立的技术转移机构 | 大学,"独立行政法人中小企业进出建设机构"基金资助。不具有法人资格 | 东京工业大学 TLO、早稻田大学 TLO |
| 外部型 | 指专门从事科技成果转化的企业 | 发起单位和个人出资,大多注册为股份有限公司 | 东京大学 TLO 股份公司 |
| 区域型 | 指大学、研究机构和企业联合建立的技术转移机构 | 各方共同出资 | 名古屋产业科学研究所与名古屋大学联合建立的技术转移机构 |

　　日本的先进制造业科技服务中介机构在推动技术创新、促进产学研合作、参与政策制定、市场开拓、国际交流以及人才培养等方面发挥了至关重要的作用,这些活动共同推动了日本先进制造业的发展和国际竞争力的提升。第一,中介机构通过提供研发资金、设施和专业知识,支持企业进行技术创新和产品开发。例如,AIST 在多个领域提供尖端研究和技术转移服务,帮助企业提升技术水平。第二,中介机构参与了日本政府在科技领域的政策制定,为政府提供了关于科技发展趋势的专业建议。这有助于政府制定更加有效的科技发展计划和政策,如技术预见调查等。第三,中介机构还推动了产业界、政府和学术界之间的合

作,这种产官学合作体制在日本科研成果产业化方面发挥了重要作用。例如,JST通过资助项目和研究机构,促进了学术界与产业界的紧密合作。第四,为了帮助企业开拓市场,中介机构提供了市场分析和商业咨询服务。同时,他们还引导金融资本流向有潜力的初创企业和创新项目,如NEDO所提供的各种财政支持措施。第五,中介机构还负责加强与国际先进制造业的交流与合作,帮助日本企业获取国际市场的信息和技术动态,提升其全球竞争力。第六,中介机构通过与教育机构的合作,培养了大量的科技人才,并促进了人才在产学研之间的流动,为制造业的创新提供了人力支持。

## 6.5 以色列先进制造业科技服务融合发展模式

### 6.5.1 "三螺旋"国家创新体系

以色列自1948年建国以来,就一直坚持科技创新发展战略,持续通过科技孵化器支持高科技企业创新创业。这也使得以色列在半导体、材料、信息通信、高端装备、生物医药、军工等高附加值领域均保持了世界领先的创新优势,科技对GDP的贡献率在90%以上,成为全球高新技术重要发源地之一。以色列在科技领域的成功,得益于以色列科技成果转化体系、环境支撑体系和科技金融体系协同的"三螺旋"国家创新体系。这个体系有效地将政府、高校和企业三个主体联结在一起,形成了一个既各司其职又相互促进的创新生态系统。其中,科技成果转化体系主要负责将科研成果转化为实际的技术和产品。以色列在这方面做得非常出色,拥有一批世界级的科研机构和技术转移办公室,它们专注于将大学和研究机构的科研成果商业化。环境支撑体系为科技创新提供了必要的环境和基础设施支持。这包括政策制定、法律法规、市场准入等方面,为创新创业提供了良好的外部条件。科技金融体系是支持科技创新的重要组成部分。以色列拥有发达的风险投资市场和政府引导基金,为初创企业和创新项目提供了资金支持。以色列通过这三个互相交织的体系,实现了政府、高校、企业之间的合理分工和紧密合作,共同推动了国家的科技进步和经济发展。2022年,以色列在世界知识产权组织(WIPO)全球创新指数(GII)评价中取得了全球排名第16位的成绩,研发支出占GDP的比重在经济合作与发展组织(OECD)国家中连续多年排名第一,风险投资占GDP的比重常年全球排名第一,研发支出强度、创新竞争力、科技企业融资环境排名均位居前列。

## 6.5.2　以色列的科技孵化器

以色列的科技孵化器通过对孵化企业的严格评估、政府资助计划以及民间资金参与的紧密结合,不仅为初创企业提供了必要的支持和保护,还通过促进技术成果的产业化转化,推动整个产业快速发展,在其先进制造业发展中起到不可或缺的作用。首先,科技孵化器为发明者和创业者提供了一个理想的平台。发明者往往拥有创新的技术或项目,但缺乏创办公司所需要的资金和管理经验。孵化器不仅为这些初创企业提供资金支持,还通过吸引和培养创新人才,协助他们配备经理,组建创业团队,并提供必要的管理服务支持,帮助他们快速成长并占据市场份额。这种全方位的支持使得初创企业能够更好地应对市场挑战,加快成长步伐,从而有效推动其先进制造业领域的技术创新,提升制造业的生产效率和质量,推动整个产业链的升级和转型。其次,科技孵化器在促进技术成果的产业化转化方面发挥了关键作用。以色列的大学和科研机构是其科技创新的重要源泉,而孵化器则成为这些技术成果向产业化转化的桥梁。孵化器通过吸引和筛选具有潜力的创新项目,将其具有较高创新性的成果转化为具有市场竞争力的产品或服务,从而推动制造业向智能化、绿色化方向发展,提升产业的整体竞争力和可持续发展能力。

魏茨曼科学研究院耶达技术转移公司是以色列典型的技术转移机构和孵化器之一。魏茨曼科学研究院是当前世界领先的多学科研究中心,在全球生命科学和药物研究领域名列榜首,其成立的第一家技术转移公司就是耶达研发公司(YEDA Research and Development Company)。耶达研发公司致力于将科学家开发的知识产权商业化,并将其产生的收入用于支持进一步的基础研究和科学教育。耶达公司的使命是识别和评估具有商业潜力的研究项目,保护学院及其科学家的知识产权,建立业务关系并向企业授予发明和技术许可,以及吸引社会资本投入科研项目。这使得魏茨曼科学研究院能够专注于基础领域研究,而耶达公司则专注于研究成果的应用开发和技术转移。耶达公司的工作人员与魏茨曼的科研人员保持密切联系,以确保能够动态捕捉科研人员的最新研究成果。对于每个具有商业转化潜力的科研成果,耶达公司都会成立专门的评估小组进行对接。耶达公司在生命科学、交叉学科等方面具有显著优势,其年销售额达到 100 亿美元以上。耶达公司的成功运行是以色列推动基础研究成果转化的一个缩影。以色列在全国范围内建立了多家技术转化机构和平台,集中将先进的科研成果推向市场,并形成一套成熟的转化流程和运作模式。这种机制使得以色列在科技创新和先进制造业发展方面取得了显著成就。MindUP 孵化器是以色列的一家顶尖数字医疗孵化器，由国际医疗巨头美敦力、IBM 与以色列顶尖的风投资本 Pitango、以色列最大的医疗集团 Rambam 及以色列国家创新局联合成立。这一孵化器的核心使命是帮助医疗领域的颠覆性技术及前沿概念性产品快速成熟并推向市场。

以色列的科技孵化器还注重与政府的紧密合作。政府通过设立专门的机构，如以色列工业、贸易和劳工部的首席科学家办公室（OCS），为孵化器提供资金支持和管理指导。这种合作模式使得孵化器能够更好地整合政府资源，为初创企业提供更加全面和有效的支持。MindUP 孵化器就得到了以色列经济部及旗下 Heznek 孵化器计划、以色列首席科学家办公室的大力支持，这为其在医疗创新领域的发展提供了强大的后盾。MindUP 孵化器还积极参与国际合作，与全球各地的创新机构和企业建立合作关系，共同推动医疗技术的创新和发展。MindUP 孵化器主要聚焦于精准医学、可穿戴和植入式传感器、护理诊断、个性化医学、人工智能、大数据、远程医疗以及医院 IT 系统等领域。它通过提供全方位的孵化服务，包括资金支持、技术指导、市场策略等，MindUP 孵化器旨在促进医疗创新项目的成长和发展。自 MindUP 孵化器成立以来，已经成功孵化了多个创新项目，这些项目在医疗领域取得了显著的成果，为以色列乃至全球的医疗创新事业做出了重要贡献。

### 6.5.3　以色列的风险投资

以色列高科技产业的成功，活跃的风险投资无疑起到重要的助推器和催化剂作用。以色列在风险投资领域拥有众多具有影响力的公司，这些公司在全球范围内都享有盛誉，为以色列的高科技产业提供了重要的资金支持和发展动力。例如，Pitango Venture Capital 自 1993 年成立以来就以投资科技创业为主，迄今已经投资了众多成功的初创企业；Pitango 的投资领域涵盖科技、医疗、消费等多个领域，为以色列的创新生态系统做出了重要贡献；Vertex Ventures Israel 自 1997 年以来，一直致力于寻找并支持具有创新性和颠覆性的初创企业，已经成为以色列的风险投资领域的佼佼者，在科技、互联网和生物科技等领域的投资经验尤为丰富；成立于 2000 年的 Viola Ventures 投资领域极其广泛，包括科技、媒体、电信等多个行业，以其独特的投资眼光和专业的投后管理赢得市场的广泛认可；83North 是一家专注于投资欧洲和以色列初创企业的风险投资公司，在消费科技、医疗科技、金融科技等领域有着丰富的投资经验。这些风险投资公司不仅在以色列国内具有广泛的影响力，还在全球范围内推动了创新科技的发展。它们通过专业的投资眼光和丰富的行业经验，为初创企业提供了必要的资金支持和战略指导，进一步促进了以色列高科技产业的繁荣与发展。

风险投资不仅为以色列的高科技初创企业提供了宝贵的资金和资源，更在推动科技创新、加速科技成果产业化、促进战略性新兴产业培育等方面发挥了关键作用,为以色列高科技产业的成功打下了坚实的基础。首先,风险投资极大地促进了以色列的科技创新。以色列本土的风险投资机构与外资机构共同构成活跃的投资主体,这些机构不仅为初创企业提供资金支持,还通过提供管理建议、市场策略等增值服务,帮助企业更好地发展。这种支持使得以色列的科研人员和创业者能够更加专注于研发和创新,从而推动科技成果不断涌现。其次,风险投资加快了以色列高科技产业成果的产业化进程。通过将众多雄心勃勃的创业者与国家发展战略对接起来,风险投资极大地调动了科技人员的创新创业热情。这使得以色列在诸多领域,如手机研发、网络聊天工具开发、操作系统开发等方面取得了重大技术突破。同时,风险投资还推动了以色列国防科技向民用领域的转化,使得以色列成为世界上军用技术民用化最成功的国家之一。此外,风险投资还促进以色列战略性新兴产业的培育。在风险投资的推动下,以色列每年涌现出大量新公司,这些公司大多聚焦于高科技领域,为以色列的经济发展注入了新的活力。同时,风险投资也帮助以色列实现了从依赖传统农产品、钻石及军火出口向民用高新技术产品出口的转变,进一步提升了其在全球高科技产业中的地位。

## 6.6　国际先进制造业与科技服务融合发展模式分析

### 6.6.1　科技政策供给服务为先进制造业营造良好的发展环境

(1) 各国连续出台国家级重要文件。美国近年来出台的主要政策包括《重振美国制造业框架》《先进制造业伙伴计划》《美国工业发展规划》《先进制造业国家战略计划》《振兴美国制造与创新法》《美国创新战略》《美国制造计划》《美国创新与竞争力法案》《美国先进制造领导力战略》等。德国近年来出台的主要政策包括《数字议程 2014—2017》《数字化战略 2025》《德国工业战略 2030》等。英国近年来出台的主要政策包括《工业战略:政府伙伴与工业之间的关系》《高价值制造战略》等。日本近年来出台的主要政策包括《产业竞争强化法》《工业价值链参考架构》等。

(2) 明确发展重点。美国先进制造业发展的重点是工业互联网,并以此保护经济,扩大就业,构建弹性供应链,从而打造强大的制造业和国防基础。德国先进制造业发展的重点是工业 4.0,建设智能工厂。英国先进制造业发展的重点是利用新技术重构制造业价值链。日本先进制造业发展的重点是推行机器人大国战略。

（3）明确政策目标。美国的政策目标是保持全球领导地位,打造技术高地,应对金融危机,解决劳动力成本上升和工业空心化问题。德国的政策目标是确保全球工业领域的领先地位,提升全球价值链分工地位,打造数字强国,应对金融危机。英国的政策目标是应对金融危机,遏制工业空心化趋势,维护经济韧性。日本的政策目标是巩固"机器人"大国地位,改善制造业低收益率的局面。

## 6.6.2 政府指导下的科技服务平台促进先进制造业不断创新

积极打造政府指导下的社会化科技创新平台,促进先进制造业创新发展。美国在 2012 年就提出建立国家制造业创新网络,并陆续建立了美国制造、数字化制造与设计创新中心、未来轻量制造、美国合成光电制造、美国柔性混合电子制造中心、电力美国和先进复合材料制造创新中心等制造业专业创新中心,通过巧妙设置的多层次会员制度,吸收政府部门、大中小企业、行业联盟与协会、高等院校、社区学院、国家重点实验室,以及非营利组织等各类会员,形成政府指导下的全国性制造业政产学研协同创新网络(见图 6.2)。德国史太白网络的历史更为悠久,从 1971 年恢复成立之后,就在巴登·符腾堡州政府通过无偿资助及购买服务等方式的倾力支持下,开展技术咨询服务,并逐步孵化出众多提供跨区域先进制造业科技服务的企业,建立起了跨国家的技术转移平台,成为国际化、全方位、综合性的技术转移网络。在政府的精心培育下,史太白网络逐渐形成一个拥有 1072 个专业技术转移中心的国际技术转移网络,业务覆盖研发、咨询、培训、转移等各环节,范围也由巴登·符腾堡州扩大至德国各地和全球 50 多个国家。虽然 1999 年起史太白网络放弃了州政府每年的财政补贴,但政府仍然通过税收优惠政策持续支持史太白网络的发展。

## 6.6.3 强大的信息服务业为先进制造业发展提供技术支撑

按照应用在产业链中的位置,工业行业软件可以分为研发设计、运营管理、生产控制三大类。除工业行业软件外,由于先进制造业还需要先进的信息通信技术的支撑,因此包括操作系统、数据库、云计算、大数据、人工智能等在内的通用基础软件,它们在先进制造业中也具有决定性的作用。表 6.5 为美国主要的工业软件和通用基础软件,从中可以看出,目前世界上所流行的工业软件和通用基础软件等各类软件,基本都来自美国,美国也正是依托这些

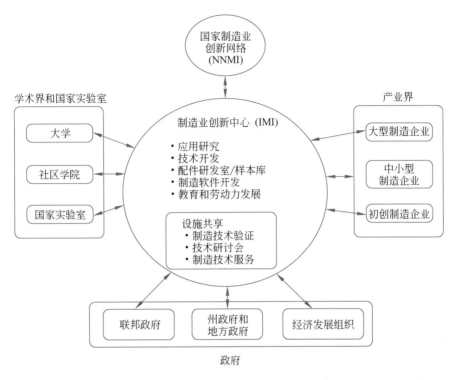

图 6.2　美国国家制造业创新网络体系

软件的支撑,大幅提高了各行各业的创新能力和创新效率,进而在整个全球的产业链中占领了行业制高点,占据了主导地位,并利用相关法案,对全球产业链加以控制。

表 6.5　美国主要的工业软件和通用基础软件

| 序号 | 类　别 | 主 要 软 件 |
| --- | --- | --- |
| 1 | CAD 软件 | AutoCAD,3ds Max,Pro/Engineer,Unigraphics,SolidWorks |
| 2 | CAE 软件 | Ansys,Nastran,Fluent |
| 3 | EDA 软件 | Synopsys,Cadence,Mentor |
| 4 | ERP 软件 | SAP,Oracle,Infor |
| 5 | MES 软件 | MOM,FlexNet,FAB300,PROMIS,Aspen |
| 6 | 操作系统 | Windows,UNIX,Linux,Android,macOS,iOS |
| 7 | 数据库 | Oracle,DB2,MySQL,SQL Server,NoSQL |

续表

| 序号 | 类　别 | 主　要　软　件 |
|---|---|---|
| 8 | 编程软件 | Visual C++，Java，Perl |
| 9 | 数据分析软件 | Mathematica，MATLAB，Tecplot |
| 10 | 专业计算软件 | Gaussian，Materials Studio |
| 11 | 云计算软件 | AWS，Salesforce，VMware |
| 12 | 大数据软件 | Apache，DataX，Spark |
| 13 | AI平台 | TensorFlow，PyTorch，SystemML，DMTK，ChatGPT |

# 6.7　发达国家先进制造业与科技服务融合效果分析

## 6.7.1　发达国家占有了高额的制造业增加值

World Bank 数据库中的数据显示,越是发达的国家,制造业增加值所占比重越大(见表 6.6)。而且从时间线上看,虽然可以看到近些年发展中国家努力发展先进制造业,而且在先进制造业领域也取得了令人瞩目的成绩,发达国家制造业增加值所占比重在下降,中等收入国家所占比重在提高,但我们并没有看到国际制造业格局产生根本性的变化,而且2015 年之后这两个趋势都大幅放缓,显示出西方发达国家依然继续在先进制造业领域领先全球,发达国家与中低收入国家的制造业增加值之间存在着一条几乎不可逾越的鸿沟。

表 6.6　不同收入阶层国家的制造业增加值占比

| 年　份 | 2005 | 2008 | 2010 | 2015 | 2016 | 2017 | 2018 | 2019 |
|---|---|---|---|---|---|---|---|---|
| 高收入/% | 74.5 | 65.8 | 61.4 | 54.9 | 55.6 | 54.4 | 53.8 | |
| 中等收入/% | 25.3 | 34.0 | 38.3 | 44.8 | 44.1 | 45.3 | 45.7 | 46.7 |
| 中等偏上收入/% | 20.8 | 28.6 | 32.4 | 38.5 | 37.7 | 38.9 | 39.5 | 40.2 |
| 中等偏下收入/% | 4.4 | 5.4 | 5.9 | 6.2 | 6.4 | 6.4 | 6.2 | 6.6 |
| 低收入/% | 0.2 | 0.2 | 0.3 | 0.4 | 0.4 | 0.4 | 0.4 | 0.4 |
| 最不发达国家/% | 0.4 | 0.5 | 0.7 | 0.9 | 0.9 | 1.0 | 1.0 | |

## 6.7.2　发达国家占据了制造业高端产业链的绝对主导地位

美国、德国和日本等发达国家都把大量的、长期的、系统的、高质量的技术服务,包括政策、科研、投资、专利、咨询、装备工具等,加上现代工业发端于西方国家,这些国家在两次世界大战中的技术积累,因此发达国家如今在先进制造业的各个重要方面都是全球最尖端的技术(见表 6.7)。国内最大的精密仪器公司,主要集中在美国、日本、德国;日本保谷光学、小原光学、住田光学、德国肖特光学,都是全球领先的光学玻璃生产厂商,日立公司在大型衍射光栅刻画机上的雕刻精度,也是世界上最好的。正是因为掌握了这些尖端技术,这些发达国家才能在很长一段时间内成为全球较大的产业链之一。

表 6.7　世界上先进制造业最顶尖技术的国家分布举例

| 序号 | 领　域 | 主 要 国 家 | 实　　例 |
|---|---|---|---|
| 1 | 精密仪器 | 美国、日本、德国等 | 顶尖企业分别有美国 10 家、日本 6 家、德国 4 家、英国 2 家。日本 JEOL 和美国 FEI 瓜分了全球高端电子显微镜市场 |
| 2 | 光学仪器 | 日本、德国等 | 日本的保谷光学、小原光学、住田光学,以及德国的肖特光学均为世界先进光学玻璃制造商。日立保有大型衍射光栅刻画机最高刻画精度的纪录 |
| 3 | 半导体加工设备 | 日本等 | 全球前十大半导体设备生产商中,有美国企业 4 家,日本企业 5 家 |
| 4 | 半导体材料 | 日本等 | 日本在 19 种生产半导体芯片必需材料中,有 14 种占有 50% 及 50% 以上的份额 |
| 5 | 工业机器人 | 日本、瑞士、德国等 | 包揽了发那科、安川、ABB、库卡等全部一线和二线工业机器人厂商 |
| 6 | 超高精度机床 | 日本、德国、瑞士等 | 日本 METROL 研制的微米级全自动对刀仪,其精度为世界最高,装机于全球 70% 精密机床。日本精工机床主轴也拥有世界最高精度 |

# 第 7 章

# 先进制造业科技服务生态群落

## 7.1　生态群落概念

　　生态群落,是指占据一定的空间、生活在一个特定的区域或自然环境中的有相似的自然资源需求的一组互相依赖的种群的集合体。它是生态系统中有生命的部分。生物群落作为自然生态系统中的基本组成要素,群落之间并不是孤立存在的,而是存在多种形式的相互联系与相互依赖,并组成具有一定结构与功能的统一体。一个区域内的所有种群组成一个群落,群落及其环境又组成了一个生态系统。群落具有以下特点:①群落由一定的种群组成;②群落之间相互联系,遵守特定的规律生存和共处,各种种群之间都存在着物质循环和能量转移;③群落对环境产生影响,构成群落环境;④群落具有一定的结构与特征,有一定的分布范围;⑤群落之间有边界特征;⑥群落具有发展和演变的动态特征。

## 7.2　产业生态群落研究进展

　　秦业、张楚、邓修权在《面向先进制造业的科技服务平台发展成效评价指标研究》中研究了先进制造业科技服务网络的运行模式,并从当前运行成效和未来发展潜力两个维度构建了面向先进制造业的科技服务平台发展成效评价指标体系。高思芃、姜红、张絮在《区域科技资源协同度发展趋势及生态化治理机制研究》中得出要政府引导科技资源生态化协同治理,营造开放共生的生态环境。贺毅、李炜在《基于分布式资源共享和服务协同的科技服务平台发展要素研究》中对科技服务平台提出要提高分布式科技资源共享和服务协同能力,构建具有"智能＋科技服务"的技术转移转化主体,培养具有专业化服务素养的技术经理人团队等要求。赵隆华、侯瑞在《大数据下区域科技资源共享型智能服务平台模式研究》中提出在资源服务环境的构建原则以及约束条件研究的基础上,通过智能终端层、平台门户层、智能处理层和资源库 4 个模块的新型服务模式,构建智能协调、智能管理和智能服务的三维运行机理模型,三者的智能协同程度越强,平台的服务水平越高。从建立有效的科技平台联盟、三重监督机制和多层次法律规范等层面提出政策优化建议。

## 7.3　先进制造业科技服务群落及其生态特性

先进制造业与传统制造业是不同的,它拥有先进的技术、先进的组织方式和先进的生产经营方式,在研发、生产、经营等方面都能运用先进的技术和创新方式,具备很强的创新能力和竞争力。而其技术先进,知识密集,成长性高,带动性强,随着时代的不断发展变化,催生了大量专业化、聚集化、链条化、个性化的科技服务需求。在这种情况下,制造业,特别是先进制造业的创新和升级,既要依靠自己的发展,也要依靠相关行业,特别是知识密集的现代服务业。从以上几个角度看,先进制造业与现代服务业之间存在着某种相互促进、共同成长的关系,特别是两者的结合是推动我国经济高质量发展的关键因素。

随着国家创新驱动发展战略的深入实施,科技服务业成为加速产业结构转型升级和实现科技创新引领产业升级的关键枢纽,是推动科技创新和科技成果转化、促进科技经济深度融合、推动高质量发展的重要引擎。

在科技发展和服务业发展的背景下,科技服务业也经历了从无到有的漫长过程,和制造业的融合发展也经历了不同的阶段。首先是萌芽阶段,在新中国成立初期,中国各地成立了科技情报研究所,培养科技情报人员,主要目标是搜集、翻译、整理和研究国内外的科学技术发展情况,使科技更好地服务于探索阶段的中国;随后进入探索阶段,不仅建立起覆盖全国的科技服务网络,也使科学技术商品化,科技中介机构进入了大众的视野,并且明确提出了科技服务的产业属性和商品属性;然后进入了整体提升阶段,科技服务与产业有机结合成为这一时期的重点,科技体制不断完善,逐步建立起了以企业为主体、产学研相结合的科技服务体系;如今大步迈进创新增速的阶段,面对当今世界前所未有之大变局,以科技服务激活科技创新链、带动产业发展已成为提升国家综合竞争力的重要选择,科技服务得到更加广泛全面、富有创新力的发展。

利用管理学中的广义生态群落理念,可以研究先进制造业科技服务网络及生态群落演进。自然界中的群落指活体与其周围环境在一定时空范围内通过信息传递、推动及调控进行动态平衡的物质能量交换转化的协同有序运行体。2006年,我国学者戴伟辉通过深入比较自然界与社会经济领域群落的相似性及其本质的不同,提出了"广义生态群落"(Generalized Ecological Community,GEC)的概念,并从群落结构、运行机制、演替模式、支撑环境四方面构建了广义生态群落的体系。在先进制造业科技服务网络中,科技服务中介等科技服务平台有着至关重要的作用。

科技服务平台由于其盈利模式和发展前景,呈现出集群化的特点。科技工业园的理论研究认为,科技服务平台不应只有平台自身的运作,还要有大学、企业和政府等部门的参与。全国各大高校和科研院所不断研究和输出科学技术,由科技服务企业将成果和产品制作出来并输送给先进制造产业,政府部门充当重要的后备力量,保证科技服务和先进制造业的良好发展环境。科技服务生态群落随服务业的发展也从被动服务、主动服务逐渐向智能服务演进。

在发展初期,由于平台资源不充足、服务较为单一,参与科技服务的各个主体之间缺乏相互交流和联系,虽然能对先进制造业起一定的推动作用,但力量较为薄弱,且覆盖面较窄;而随着资源的慢慢积累和产业集群的形成,科技服务逐渐转为面向需求提供服务,平台通过先进制造业主动提出的需求进行服务和创新,但对行业未来的需求挖掘和探索十分有限,共享性服务模式也正是由于这些原因而慢慢形成。共享性服务模式中,科技服务平台通过大数据将参与产业的各个主体的各种资源在内部共享,进行深度拓展和分析,达成跨区域、跨领域的有效合作。

在外部动力作用可能发生激烈变动情况下,由于科技服务网络是自组织、自适应、自生长的,科技服务平台可以能动地对外部变化做出反应。海量的信息和资源使其能有韧性地适应各种变化,而且已经达成的诸多成果不会随着变化而消失,科技服务平台可以在此基础上根据变化做出进一步研究来保持稳定性。根据耶鲁大学管理学教授拜瑞·内勒巴夫和哈佛大学企业管理学教授亚当·布兰登勃格1996年合著出版的《合作竞争》,他们认为企业经营活动是一种特殊的博弈,是一种可以实现双赢的非零和博弈。科技服务生态群落也是如此,通过合作竞争,群落中各科技服务平台之间相互学习,进行产品、技术、服务等方面的创新来适应不断变化的环境。合作竞争也不是消灭了竞争,而是从资源配置角度出发,各平台的关系发生了调整,形成在一定合作上进行竞争的关系。这种关系的形成不仅有利于形成协同效应稳定向先进制造业提供良好的服务,增加了生产力和产出价值,而且有利于创新的形成,推动制造业不断发展。

科技服务群落的稳定离不开国家政府,各种政策和条款的提出都有助于把握科技服务的发展方向,对先进制造业科技服务群落的发展演进有重要的指导意义。在长期的建设中,我国的科技服务体系日益完善,形成了以党和政府为主导、企业为主体、市场为导向、产学研共同参与的科技创新体系,逐步探索出了最符合我国先进制造业科技服务发展的路径方法,为新时代科技服务创新和带动先进制造产业升级提供了宝贵的经验。

## 7.4　先进制造业科技服务网络自组织、自适应、自生长机制

对于自然界的生态群落而言,要具备可持续发展的能力,最基本的是必须拥有以营养链和食物链为核心的完整循环体系,并且能顺利地实现各个环节的物质与能量交换。类似地,先进制造业科技服务生态群落也逐渐形成了其自组织、自适应、自生长机制。

先进制造业科技服务生态群落形成的根本动力是群落各集群成员内利益的驱动,使供给、需求和市场等各方都可在群落中获取最优化价值。因此,先进制造业科技服务企业在空间上聚集起来,在网络上能动地组织起来,从而降低了买家的搜寻成本,并适应性地形成了专业人才和劳动力市场及该行业的上下游配套市场,减少了科技服务的不确定性风险,为整体群落带来了更大的市场。

在科技服务群落中,相关企业或机构之间存在着知识与信息的交流,具有相互学习和相互适应的"协同进化"机制。在外部环境发生不确定性变化的同时,科技服务生态群落内部由于与环境的不断交流和信息在群落中的传递,不同集群选择不同的信息侧重点,从而发生了向不同方向的演变。在演变过程中,有些集群被环境和市场淘汰,有些则良好地适应了变化,得到长足发展,这就促使和影响其他集群向好的方向演进,使群落整体适应了变化,这就是先进制造业科技服务生态群落的自适应性。

当市场有新的机会产生时,正如自然生态群落中植物的向光性,科技服务群落中的种群也会向新的机会进行尝试,会在一定时间和范围内产生群落内部资源总体向新机会倾斜的场景。一旦群落中有集群的尝试成功,在其获得巨大收益的同时,会促进更多集群向新机会

的成功尝试,也会使某些集群抛弃现有的收益不乐观的市场,向新的市场进发,这就是群落的自生长机制。

## 7.5　生态群落整体协同与竞合发展的演进机制

"协同"亦称协同效应,是指由于协同而产生的结果,指在复杂开放系统中大量子系统相互作用而产生的整体效应或集体效应。在整个自然系统和社会系统中,均存在协同作用。协同是系统趋向有序化的内动力,它可以使得系统从无序到有序演化。在科技服务生态群落中,相关企业和机构之间存在着信息的广泛交流,同样也具有相互学习、相互竞争的协同演进机制。其中,协同是广义的协同,既包括协作,也包括竞争。

博弈论,在经济学上又称为对策论(Game Theory),主要研究公式化了的激励结构间的相互作用,是研究具有斗争或竞争性质现象的数学理论和方法。博弈论考虑游戏中的个体的预测行为和实际行为,并研究它们的优化策略。近代博弈论开始于策梅洛(Zermelo)、波莱尔(Borel)及冯·诺依曼(von Neumann)。博弈论可以分为两种:一是合作博弈;二是非合作博弈,两者的差别在于博弈的双方是否能达成潜在的协议。如果可以达成,则称为合作博弈;如果不能达成,则称为非合作博弈。博弈论中还有一个非常重要的概念,就是个体理性与团体理性,个体理性是指考虑自己的利益,而团体理性则是考虑整体的利益。从定义上可以看出,合作博弈重在强调团体理性,而非合作博弈重在强调个体理性。从经济学角度看,先进制造业科技服务的内生动力是个体利益,非合作博弈即纳什均衡在产业的发展中起着主导作用。

非合作博弈均衡,又称为纳什均衡(Nash equilibrium),是博弈论的一个重要术语,以约翰·纳什命名。在一个博弈过程中,无论对方的策略选择如何,当事人一方都会选择某个确定的策略,则该策略被称作支配性策略。如果任意一位参与者在其他所有参与者的策略确定的情况下,其选择的策略是最优的,那么这个组合就被定义为纳什均衡。通俗来说,每个博弈者的均衡策略都是为了达到自己期望收益的最大值,这个均衡被称为纳什均衡。

纳什均衡在科技服务产业中表现为:在整个市场逐利的大前提下,在制度背景合理的情况下,每个科技服务企业单方面改变其策略,不会为自己争取到更大的的利益,从而促进各个企业都能自觉地遵守制度,提高群落整体的效率。

　　先进制造业科技服务业作为新兴的产业部门,其分工也在不断深化、精细化,其产业发展至少由以下几个因素决定:①产业市场的容量,市场容量决定了分工的精细化程度,市场容量越大,分工越精细;②产业的成熟度,一个产业越成熟,分工水平越高;③产业的"比较优势"分布,"比较优势"是空间上产业集群化和分工的基础;④规模经济的形成,规模经济形成后,资源的利用率和生产效率都会得到显著提升。

　　科技服务的产业链发展必须围绕创新链和需求链进行,只有这样,创新思想、创新科技、创新需求等才能在科技服务企业之间得到良好的传播,在其生态群落的自组织、自适应、自生长机制下,促进产业链的各个环节之间紧密联动,让科技服务企业为市场提供多元化的服务,加快科技服务产品的商业化与产业化。

# 第 8 章

# 新型科技服务技术

## 8.1 科技服务知识图谱构建技术

从 20 世纪 80 年代起,科技进步迅猛,科技成果产业化加速,世界各地涌现的新兴产业已逐渐成为现代服务业的一个重要组成部分。科技服务是指利用新技术和专门技术,为科学技术的产生、应用和扩散提供智力服务。科技服务业作为高新技术企业的重要组成部分,在科技创新中发挥着重要的桥梁和纽带作用。

大数据时代下,为提升大数据下的知识检索和融合效率,谷歌公司于 2012 年提出知识图谱的概念。知识图谱是早期语义网的升华,用来表示实体及实体间关系的语义结构。知识图谱分为通用知识图谱和领域知识图谱,所以其不仅有较强的语义表达能力,能够更好地理解用户的搜索意图,还提供给用户与检索词对应的实体的结构化信息。此外,它能帮助我们更加快速有效地获取所需的知识与知识间的逻辑关系,简化知识融合的复杂程度,帮助用户进行辅助复杂的分析或决策支持。

而面向科技服务融合的知识图谱构建技术,从科技服务的文本数据中逐步提取不同级别的信息。该模型在构建过程中基本上实现了无监督构建。

尽管科技服务的相关信息中存在一部分结构化的信息(如专利信息的发明人、科技文献的作者等信息),但是集中表现科技服务资源的主要内容的部分是文本,因此科技服务的知识图谱构建本质上是一个开放文本中的信息抽取任务。

为了能从开放文本中抽取到有用的信息,以实现科技服务知识图谱的构建,必然要引入自然语言处理(Nature Language Processing,NLP)技术,通过信息抽取的方式处理文本数据,进行图谱节点的属性抽取、关键实体抽取,以及科技服务间的关系抽取。

　　科技服务知识图谱构建技术首先利用科技服务数据中的结构化部分,得到初始图谱;其次,处理科技服务文本,通过建立统计模型以发现新词后,建立专利术语词典;最后,训练基于图的关键短语提取模型和关系提取模型,用来生成最终图谱的节点和边。

　　科技服务知识图谱构建流程如图 8.1 所示。

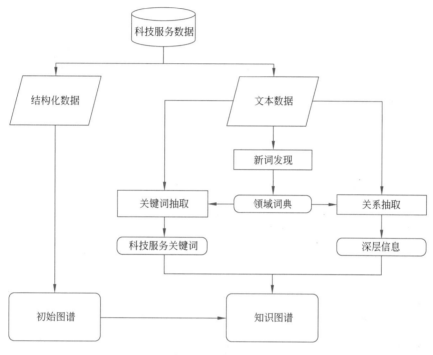

图 8.1　科技服务知识图谱构建流程

# 8.2　用户需求交互技术

　　科技服务是一个涉及多方面服务的产业,而其潜在用户的需求也是多方面的。同时,用户对需求的表达方式受限于用户的专业领域、知识背景等因素,不能保证准确而高效地描述出所需要的科技服务。为了能准确地获取用户的需求,并形成格式化的用户本体模型,现提出如下技术路线:基于科技服务知识图谱形成用户需求分析模块,生成用户需求本体模型,进而通过图谱嵌入技术支持对用户需求的理解,以及进一步的科技服务匹配反馈。

　　用户需求的交互,主要由两方面技术组成:用户需求本体的获取;需求-服务的智能匹配。用户需求本体的获取,目的在于将非结构化的用户需求描述文本,转化为清晰明确的需求图谱,从而支持根据需求图谱的科技服务知识图谱的检索与匹配。本体构建是从离散的、非结构化的数据中获取明确的实体以及实体之间的关系的技术。需求本体构建不仅要发现文本中的实体,还有一个关键是要明确实体间的关系,实体和关系一起构成本体。得到用户需求本体后,需要根据需求本体的内容匹配相应的科技服务资源。为此,现提出基于图谱嵌入方法的用户需求-科技服务匹配方法,通过图谱嵌入方法,将本来是非结构化文本的需求描述和科技服务描述文本数据变为可以进行量化计算的向量,使得需求本体与科技服务本体的量化计算成为可能,从而得以通过向量计算需求与科技服务的匹配度,以类似于相似度计算的方法得到待匹配的科技服务候选。

　　这里提出的这种用户需求交互模式,利用了科技服务知识图谱构建的相关成果,其流程总体如图 8.2 所示。本次提出的技术路线在于通过自然语言处理技术,处理用户的需求文

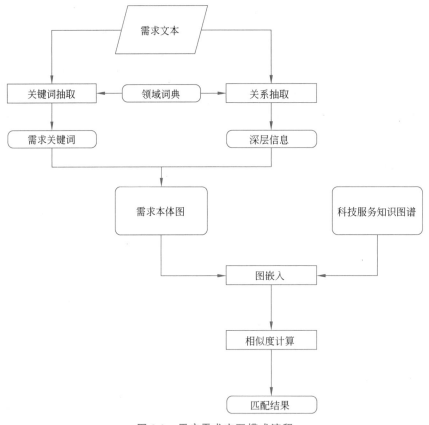

图 8.2　用户需求交互模式流程

本,基于科技服务知识图谱,生成用户需求表达模型,在科技服务知识图谱中检索最匹配的对应项并返回。

## 8.3　多源异构分布式科技服务数据集成技术

不同来源的科技服务数据类型繁多,包括大量结构化、半结构化和非结构化数据。数据的统一表示是数据获取与数据分析等阶段的基础和桥梁。因此,多源异构科技服务数据的有效表示是科技服务分析与决策支持研究的核心问题之一。

### 8.3.1　层次化可扩展的科技服务数据表示方法

针对多源异构的科技服务数据来源多、分布广、种类多等方面的特点,为了便于数据的高效存储、快速处理及有效融合,结合数据获取、挖掘及分析不同阶段所采用的技术,现提出研究层次化可扩展的通用数据表示方法,便于科技服务数据的提取及分析。该模型的特征抽象层描述数据的类型等特征信息,用于数据的快速聚类、筛选;逻辑层根据数据的特征及潜在的关联信息,使用逻辑公式表示数据内部的关联关系,便于数据的挖掘及分析;数据层采用通用的大数据表示方式,记录科技服务数据结构化或半结构化的原始信息,便于深入分析及决策。

基于异构多源科技服务的层次化可扩展的数据表示采用逐层细化的方法,从科技服务数据获取中对复杂数据的初始认识、数据融合过程中的内在联系及科技服务数据本质这三个层次给出科技服务数据的表示方式,符合人的认知行为及推理过程。

### 8.3.2　基于本体的统一交互数据建模

微服务之间的协同交互主要建立在多方对交互数据有统一理解的基础上。如何保证全系统范围内的微服务对交互数据有统一的解析方式和一致的理解具有重要的理论与现实意义。

本体在计算机领域中作为一种共享交互信息的载体,使用本体表达的信息具有方便被计算机解析和理解的语义信息,因此使得分布式网络中的不同节点能够互相理解,并更好地通信与合作。本研究旨在为微服务系统中的协同交互数据建立统一的、语义化的本体模型，并通过在全系统范围内共享本体模型，使地理上分散的不同微服务对协同交互数据有一致的解析标准，从而消除微服务对交互数据的理解差异性和歧义性，保证微服务之间协同交互过程顺利进行。

### 8.3.3　基于软注意力机制的多模态数据标注方法

多模态数据语义集成，连接了计算机视觉与自然语言处理两个重要的机器学习领域。近年来，视觉注意力机制已经被广泛应用于解决序列到序列（Seq2Seq）任务的"编码器-解码器"框架中。相比于利用整幅图像的特征，注意力机制允许解码器在生成标注的过程中选择性地关注图像的特定区域。

以"编码器-解码器"结构为基础的带有注意力机制的图像标注模型在近些年取得了巨大的成功。深度标注网络可以从编码器提取特征的水平上分为两大类：第一类方法使用图像分类网络作为编码器，为图像提取低水平的特征图；第二类方法使用属性预测模块或目标检测网络提取高水平特征，从字典中获取高频词汇或者从图像中获取实体级别的特征。

### 8.3.4　多源异构数据集成工具

多源异构数据种类繁多，包括文本、图像、音频、视频等多种类型。多源异构数据提供了丰富的信息，能够为数据挖掘分析提供基础数据样本，但是其也存在种类多样和来源复杂的问题，不同数据的类型、大小不同，例如视频和文本大小能够相差若干倍，数据采集速率和稳定性也有很大不同。考虑到上述问题，在设计多源异构数据集成工具时，需要考虑如下两方面。

（1）数据源的配置管理。对于待接入的数据源，需要根据数据源的不同，进行添加、测试、修改、删除操作，从而为后续的集成融合提供基础。以数据源添加为例，用户可添加数据源、数据源名称、数据库连接驱动、数据库连接 URL、数据库用户名、数据库密码等基础信息。

（2）实现多源异构数据资源集成的语义一致性。将 MySQL、Oracle、PostgreSQL 等关系数据库和 MongoDB、HBase 等非关系数据库进行数据集成。在分布式数据环境下，实现星状数据同步链路,可大大简化数据同步链路,解决异构数据源同步问题,为海量数据智能处理分析提供高效的数据支撑。在设计时,需要将数据集成融合以任务、日志的方式进行设计。任务管理模块可有效管理数据集成等数据处理任务,实现任务构建、批量任务构建、任务模板等功能;日志管理模块可记录任务的执行情况,方便用户回溯。目前,异构数据的集成融合以 ETL(Extract-Transform-Load)技术为主流技术。

## 8.4　以中介为核心的多方科技服务协同技术

科技服务协同是通过在各科技服务提供方及协调方之间建立战略性的合作伙伴关系,或者达成某种合作意向的激励或约束性契约关系。在协调过程中,多方通过信息整合、功能重组、组织整合、过程重组及资源重组等过程,努力实现多方科技服务业务的无缝连接,以提升科技服务链整体竞争力。

在采用场景驱动的方式完成的科技服务协同整体建模方法和分布式科技服务协同系统架构等工作基础上,重点围绕以中介为核心的领域专业化、深度化、一站式科技服务解决方案提供需求,设计了跨平台的科技服务多方协同业务流程和基于 SaaS 的科技服务中介业务支撑模式,并开发实现了可视化的科技服务协同方案设计工具(即科技服务协同建模工具)和科技服务中介业务支撑 SaaS 服务系统。

根据先进制造业分布式科技服务平台运营模式,科技服务中介将负责面向企业用户的专业性、深度科技服务需求,提供协同多个科技服务提供方实现的综合解决方案,以为企业用户提供一站式的服务。为此,定义了如图 8.3 所示的以科技服务中介为核心的多方科技服务协同业务流程,包括需求分解与协同建模、签署服务合同等内容。在上述流程中,多方科技服务协同方法和模型主要包括科技服务协同建模过程、协同方案制定、服务协同执行三部分内容。

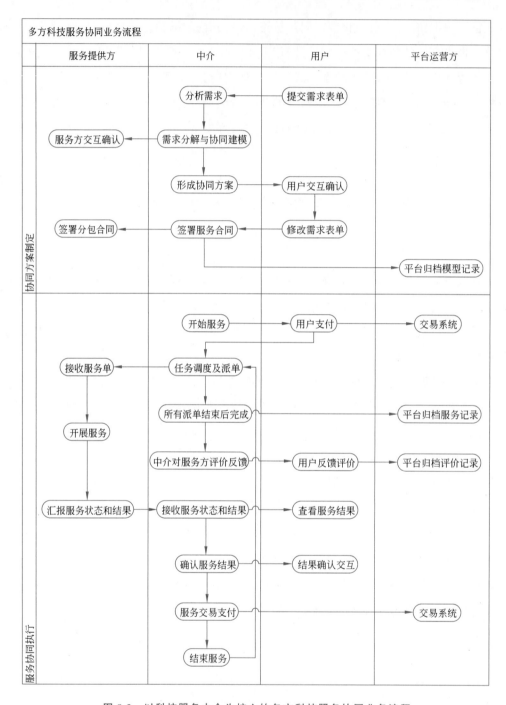

图 8.3　以科技服务中介为核心的多方科技服务协同业务流程

# 8.5　跨域跨平台科技服务技术

## 8.5.1　跨平台科技服务虚拟化组织技术

随着各类科技服务平台的建设发展,平台提供的大量科技服务构成了科技服务的互联网。科技服务根据其所属领域和服务对象等的不同,具有形态多样性、动态变化性、业务交互性等特征。从支持面向行业的跨平台科技服务集成角度,科技服务又具有领域相关性的特点:由于业务需求不同,科技服务往往隶属于不同的管理域,具有不同的组织管理要求。首先,面向行业融合需求建立平台间统一的科技服务模型,为跨平台的科技服务接入提供基础;其次,研究行业科技服务动态组织技术,支持行业科技服务社区的自动/半自动构建、演化和服务全生命周期治理。针对上述研究思路,可以从基于领域知识图谱的科技服务模型、基于聚类方法的科技服务虚拟化组织、科技服务资源库管理工具三方面展开研究。

1. 基于领域知识图谱的科技服务模型

科技服务模型能对各种类型的科技服务进行统一建模及一体化描述,是服务组织管理及服务检索发现的基础。构建统一的科技服务模型,能有效应对科技服务供需双方在需求提出、服务交付等方面存在信息不对称问题,降低需求方判别服务机构和产品的难度。同时,在新一代信息技术快速发展的条件下,线上线下结合的科技服务平台成为科技服务发展的新模式,统一的数据规范能够有效支撑各个科技服务平台之间的数据共享和交换。

2. 基于聚类方法的科技服务虚拟化组织

服务聚类方法是一种有效的服务虚拟化手段,它能识别并聚合具有一定相似程度的服务,通过服务集合的划分与服务归类实现服务重组,从而缩小服务的搜索范围,提升检索效率;并可在服务聚类基础上,屏蔽具体服务资源的动态变化,实现服务的动态绑定和替换。

基于上述研究,提出一种基于聚类的服务虚拟化组织管理方法,主要包含:提出一种基于词向量扩充和BTM的服务元数据模型,使得多样化的服务类型和服务描述拥有归一化的服务元数据模型;提出一种基于Spark的FCKM服务聚类算法,提升服务聚类效率;提出一种基于特征提取的服务类簇的语义建模方法,为优化服务组织和管理提供支撑。

**3. 科技服务资源库管理工具**

面向行业的多维度多层次科技服务融合需求,设计并开发了科技服务资源库管理工具,为科技服务的注册、管理、查询、展示等提供全生命周期管理,通过服务映射及虚拟化技术实现服务重组,完成服务构成层面融合。

## 8.5.2 跨平台互操作技术

随着科技资源的持续建设、科技服务及其平台数量的高速增长,为了最大限度地利用科技资源、增强服务价值,在大规模、多样化、分布式科技服务集成过程中,需要充分考虑数据扩展、功能扩展、应用扩展等多层面的延伸和互操作。科技服务数据资源涉及多个领域,格式多样、内容异构,研究设计跨平台互操作技术,保持分布式科技资源集成的语义一致性;同时,科技服务集成所处理的服务规模是海量的、服务粒度是多样的,将业务和可复用服务分离,以容器化插件形式进行集成,通过事件的发布与订阅,进行分布式科技服务及线上线下的互操作。

**1. 跨平台Web服务工作原理**

跨平台Web服务基于Web Service实现,它是由W3C制定的一套开放的标准技术规范,W3C对Web Service的定义如下:Web Service是由URI标识的一个软件应用,其接口和绑定可以通过XML文档定义、描述和发现;它使用基于XML的消息通过互联网协议与其他软件直接交互。Web服务的目的是让不同的软件应用程序能相互操作,无论这些程序用什么编程语言实现,运行在什么样的操作平台或架构技术上。其体系结构包含三类角色和三类动作,分别是服务提供者、服务请求者、服务中介者三类角色和发布、发现、绑定三类动作。它们之间的关系如图8.4所示。

**2. 基于服务总线的跨平台数据互操作方法**

为了支撑科技服务平台上的数据分析应用,需要将平台数据源、企业本地数据源以及平

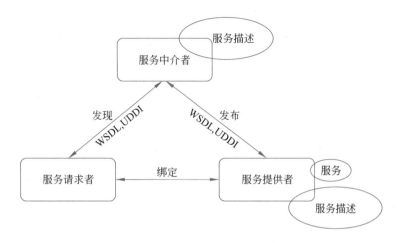

图 8.4　跨平台 Web 服务体系结构

台企业端"数据孤岛"的异构数据进行集成,统一表示、存储和管理,保证数据的完整性、一致性,为上层进行可靠分析提供数据服务。目前,运行在科技服务平台的数据源具有的特点有:分布性特点,科技服务平台上各协作企业分布于全国各地,企业间借助不同的网段互联完成协同,网段间以及企业本地都设立了相应的软硬件防火墙以保证数据安全;异构性特点,平台上各协作企业根据自身需求开发了信息管理系统,系统采用的开发语言、操作系统、架构、数据管理系统、数据存储模式、数据结构、数据类型以及语义并不完全一致;动态性特点,由于平台体系结构的开放性与扩展性,在运行过程中,企业间复杂的协作关系、协作任务、数据源、相关配置都动态变更;接口参差不齐,目前,平台针对单个业务开发接口,若业务变化,则重新编写新的接口函数。因此,交互接口也不断地变化,没有统一固定的样式、种类繁多复杂、参差不齐、无法统一管理,导致互操作困难且复杂。为此,基于服务总线原理,将异构数据源封装为服务实现互操作,原理如图 8.5 所示。

**3. 事件驱动的分布式科技服务互操作方法**

分布式科技服务互操作方法采用面向控制的方式,定义不同的协同器控制未知科技服务之间的交互行为和实时约束行为。通信信息不在虚拟空间中缓存,由交互协同器分发到目标科技服务。协同器的状态决定科技服务系统的实时行为和科技服务之间的通信与交互。同时,协同器根据观察到的事件动态改变自身的状态,重新配置科技服务系统的交互和实时约束。

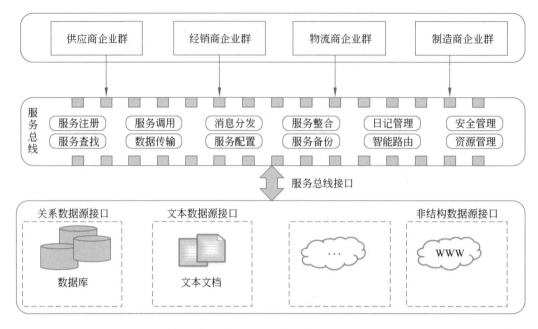

图 8.5　将异构数据源封装为服务实现互操作

在该协同交互方法中,有两种类型的交互和通信媒体:消息和事件。消息只由分布式科技服务产生,传送计算信息,通过科技服务间的连接通道进行点到点的异步传输,消息连接通道由交互协同器建立;事件可由协同器或科技服务产生,传送的是控制信息,事件告诉了事件源的特定行为和状态。系统环境中的任何科技服务都能观察到广播的事件并异步地响应事件,但实际上一个科技服务只对一部分事件感兴趣。

本方法利用事件机制进行控制信息的交换。当科技服务在当前状态观察到特定事件发生时,根据事件类型改变当前的状态,执行相应的动作。事件源触发一个事件后,仍然能够继续执行,无须等待事件的回应,同时,在系统环境中传播的事件能被对该事件感兴趣的科技服务观察到,从而降低分布式科技服务平台的通信时延和耦合性。

### 8.5.3　跨域的科技服务协同与互操作技术

跨域科技服务协同,是利用在科技服务平台上的协同工具,为科技中介、企业用户、服务提供商等多类用户提供协同工作的环境,以多视图动态交互的形式,构建和执行科技服务协同方案。

## 1. 科技服务协同模型

根据项目示范场景下以科技服务中介为中心的多方科技服务协同需求,采用多视图建模的技术路线,定义了面向科技服务中介的服务协同模型,如图 8.6 所示。模型提供了对服务协同过程、中介与各服务方协商、服务交易等协同要素定义的支持,并在 BPMN(Business Process Model and Notation)基础上设计了领域相关的专业科技服务协同建模语言,以及研发了面向科技服务中介用户的可视化科技服务协同建模工具。

其中,多视图建模方法主要采用多个视图描述科技服务协同应用的不同侧面,是一种为业务用户屏蔽建模复杂性的典型策略之一。在跨域、跨平台的科技服务协同中采用多视图模型,便于科技服务中介用户理解和便捷高效地建模。现有的业务过程建模工作多从功能、行为、信息、组织和操作侧面进行建模,可以从不同的视角对科技服务协同的主要元素和元素之间的关系进行描述,但是对于协同过程中涉及的组合逻辑,都仅限于控制流视图,并未从不同视角进行分解,而在此视图内部采用的仍然是命令式的建模方法,要求建模人员了解组合逻辑细节。与现有工作不同,多视图科技服务协同过程建模工作着重从科技服务协同逻辑方面提出一种基于多视图的建模方法,通过对用户呈现的时间视图、空间视图和服务超链视图三方面不同视角描述对服务协同逻辑的定义和约束。基于多视图关联的科技服务协同建模方法原理如图 8.7 所示。其中,时间视图从时间视角组织服务行为约束,空间视图从地理位置视角组织服务行为约束,服务超链视图描述了服务之间的依赖约束。同时,在协同模型中,各视图之间、视图与过程模型之间并不是孤立的,而是存在相互的关联关系,这些关系可以表达诸如从过程活动到时间片集合的映射、从过程活动到服务的映射、从服务到区域约束集合的映射等。

## 2. 科技服务协同的实施与管理控制

根据以科技服务中介为核心的多方科技服务协同业务流程,设计并实现了 SaaS 模式的科技服务中介业务支撑系统,为中介提供了科技服务协同过程监控、科技服务案件管理、科技服务交易、科技服务需求与商机管理等 SaaS 服务功能;针对传统中心架构下的业务过程执行引擎难以满足不同科技服务方业务约束及隐私保护等需求的情况,系统单点故障瓶颈难题以及科技服务协同动态扩展和可靠执行的要求,提出了一种分布式的科技服务协同执行机制,并实现了相应的分布式科技服务协同过程执行引擎,如图 8.8 所示。

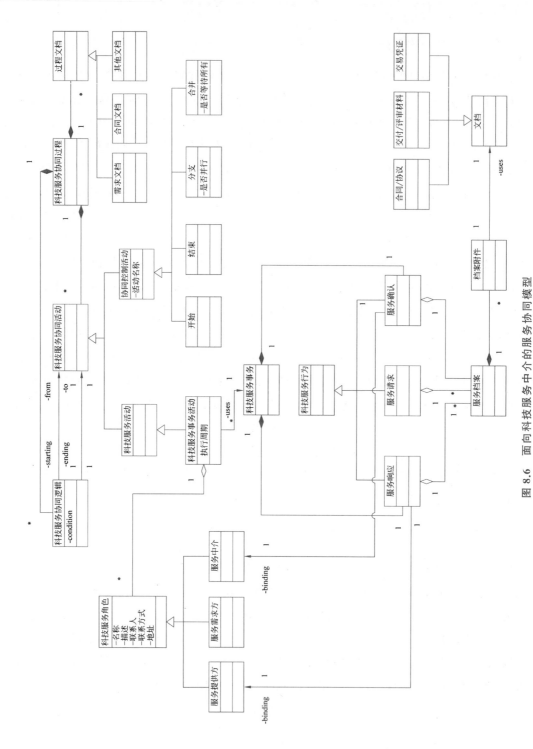

图 8.6 面向科技服务中介的服务协同模型

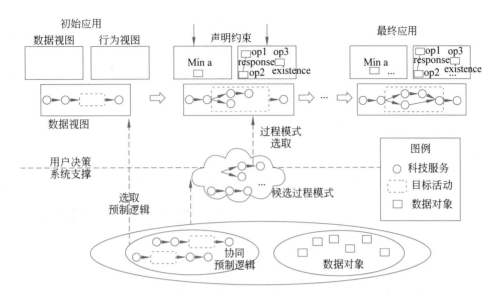

图 8.7　基于多视图关联的科技服务协同建模方法原理

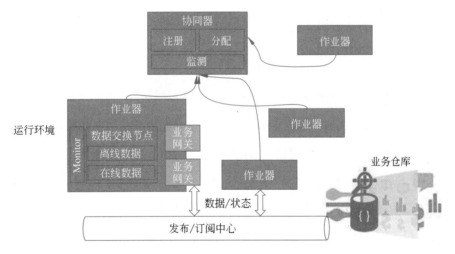

图 8.8　分布式科技服务协同执行机制概念图

分布式科技服务协同执行机制目标是支持服务协同的多点(跨平台)透明部署执行,以及新的第三方科技服务平台快速加入协同环境。分布式科技服务协同执行机制主要包括多约束条件下的协同过程划分及分布策略、基于发布/订阅网络的跨平台执行控制(跨节点控制流执行和信息共享)、基于科技服务相关性的跨实例执行优化(多实例数据共享带来性能提升、引擎节点间负载均衡)、协同过程实时监控反馈(服务质量指标状况、执行可靠性事件)及适应性调整(各类节点伸缩、迁移,提供快速的异常/事件处理能力)等技术实现服务互联网环境下分布式科技服务协同过程的可靠和高效执行。

## 8.5.4 面向行业的多维度多层次科技服务融合技术

以支持跨平台的科技服务共享和协同为目标的科技服务融合技术,需要能够基于领域知识图谱、动态灵活地接入来自不同平台的科技服务并构建面向具有特定业务或应用目标的服务社区,以便将这些传统按服务提供方整理的服务集合变为从科技服务需求角度有界、有序和可观可控的行业科技服务空间。为此,本年度在面向行业融合需求建立平台间统一的科技服务模型基础上,重点研究了面向科技服务融合的领域知识图谱构建技术、基于服务聚类和关联的科技服务虚拟化技术、基于产业链与科技服务空间的科技服务重组技术,研发了面向产业链的科技服务重组及个性化科技服务空间定制工具。

### 1. 面向科技服务融合的领域知识图谱构建技术

散乱差缺憾是当前科技服务的现状,服务分布于不同主体、不同区域或不同的专业平台,缺少基于服务的有机集成与衔接。针对科技信息服务领域的当前现状,项目探索了面向科技服务融合的领域知识图谱构建技术,探索了基于 Word2Vec 的科技服务领域词典构建方法、基于 BiLSTM-CRF 模型实体识别算法、基于 Attention 机制的关系抽取算法等一系列关键技术,并针对科技服务领域的新材料方向,围绕项目、专家、咨询和专利等关键性服务资源,构建了相关领域知识图谱。知识图谱构建方案如图 8.9 所示。

### 2. 基于服务聚类和关联的科技服务虚拟化技术

针对传统的单机服务聚类带来的服务资源数据集大、迭代量级高的问题,提出了一种基于 Spark 平台的服务聚类算法,以前面建立的服务主题为输入,将 k-means 算法与 canopy 算法交相融合。先是依托 canopy 算法对服务主题矩阵执行粗略迅速的服务聚类,以求得服

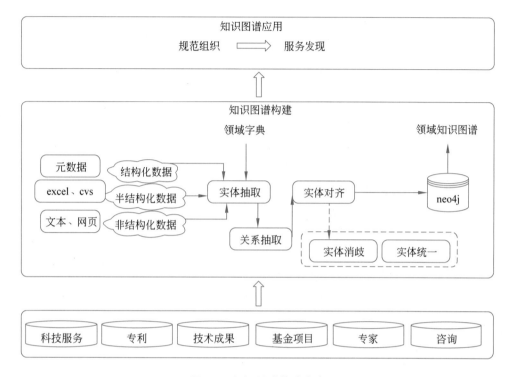

图 8.9  知识图谱构建方案

务类簇个数 $k$，以及 $k$ 个服务类簇中心点的粗略坐标，随后采用 k-means 算法实现更精细的服务聚类。在保证服务聚类精确度的基础上，每一步服务聚类迭代计算时能更靠近实际的服务类簇中心，从而减少服务聚类的迭代次数。同时设计了将聚类算法在 Spark 平台上的并行实现，以提升服务聚类效率。

3. 基于产业链与科技服务空间的科技服务重组技术

两种服务重组方式，一种是基于体现领域行业特点的产业链组织相关科技服务，另一种是构建面向产业领域、主题或围绕服务中介、高新园区的科技服务空间组织科技服务。面向产业链的科技服务重组及科技服务社区定制工具架构如图 8.10 所示。

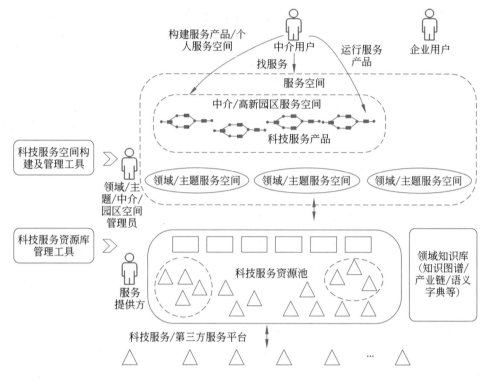

图 8.10　面向产业链的科技服务重组及科技服务社区定制工具架构

# 8.6　可信智能科技服务技术

## 8.6.1　基于区块链的服务智能交易技术

区块链作为一项新兴技术,具有开放透明、难以篡改的鲜明特点。区块链中的每个记账主体都拥有一个完整的账本副本,通过即时结算的模式,保证多个主体之间数据的一致性,在不可信的环境中建立基于密码学的信任。同时,区块链上的智能合约,可以灵活嵌入各种数据和资产,帮助实现安全高效的信息交换、价值转移和资产管理。将区块链技术应用于科技服务的交易环境,保证交易过程安全、可靠,实现交易追踪、过程监控、价值反馈等。

整体结构分为底层区块链、业务层、应用层。底层区块链预配置的网络、分布式账本架构、身份管理等支撑起上层应用,如图 8.11 所示。

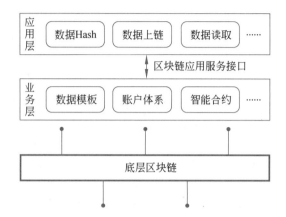

图 8.11　基于区块链的服务智能交易技术整体架构

基础设施层提供区块链系统正常运行所需的操作环境和硬件设施(物理机、云等),具体包括网络资源(网卡、交换机、路由器等),存储资源(硬盘和云盘等)和计算资源(如 CPU、GPU、ASIC 等芯片)。基础设施为上层提供物理资源和驱动,是区块链系统的基础支持。

下面从节点 P2P 网络构建、节点间的连接、区块的同步、共识机制和分布式账本等方面对区块链进行设计。

1) 节点 P2P 网络构建

区块链节点网络是一个 P2P 网络,区块链网络中的所有节点共同维护对链上数据的查询、索引、修改和验证的网络。

2) 节点间的连接

区块链上的各个节点都可以连到链上,进行区块同步。各节点与网络中正在参与共识的节点进行连接,最终模拟搭建成为一个区块链底层的 P2P 网络,通过编码在该网络中引入共识机制,最终模拟形成一个区块链网络。

3) 区块的同步

当一个节点成功加入网络中,在本地只有一个初始区块存在,此时要与网络中的其他参与节点进行连接,下载网络中的区块链上的数据,实现初始化。网络中存储完整区块链信息的节点称为完全节点。当一个新的节点连接到网络中,随机选取网络中的节点并与该节点的区块数据进行同步。

4）共识机制

共识机制是区块链在去中心化的环境下对某个事务达成共识的核心。现有的共识机制中使用最多且表现最佳的有工作量证明机制 PoW、股权证明机制 PoS 及委托权益证明 DPoS 等。

5）分布式账本

分布式账本是负责区块链系统的信息存储，包括收集交易数据，生成数据区块，对本地数据进行合法性校验，以及将校验通过的区块加到链上。账本层将上一个区块的签名嵌入下一个区块中组成区块链式数据结构，使数据完整性和真实性得到保障。

## 8.6.2　基于区块链的科技服务可信交易技术

传统的科技服务交易往往需要一个由第三方中介服务机构创建并统一集中管理的交易平台，第三方服务机构在传统科技服务交易过程中作为桥梁连接服务提供方用户和服务需求方，但是现阶段客户与机构之间需要很高的信任成本，主要由于第三方科技服务机构的服务质量参差不齐，时常发生违背公平交易原则和违反职业道德的事件，传统交易平台大多采用集中式的数据存储方式，存在数据整体泄露的风险，而且由于各个平台之间的竞争关系，容易导致信息不对称，并且第三方中介服务机构在服务过程中往往需要收取一笔高昂的代理费，诸多因素导致科技服务交易过程存在信息不对称、数据安全无法保证、交易效率低下、交易成本过高等问题。

区块链是继云计算、大数据、移动互联网等新一代信息技术后的又一技术创新[1]，其作为分布式数据存储、点对点传输、共识机制、加密算法等技术的集成应用，近年来得到联合国、国际货币基金组织等政府间国际组织和英国、美国、新加坡等多个发达国家政府的关注和重视，也逐渐被应用于金融服务、供应链管理、文化娱乐、智能制造、社会公益、教育就业等多个行业。区块链技术在科技服务领域的应用将有助于保证科技服务交易的真实性、可靠性。

区块链节点网络是一个 P2P 的网络，区块链上的各节点都可以连到链上，进行区块同步。区块链网络中的所有节点共同维护对链上数据的查询、索引、修改和验证的网络。通过编码在该网络中引入共识机制，共识机制[2]是区块链在去中心化的环境下对某个事务达成共识的核心，现有的共识机制中使用最多且表现最佳的有工作量证明机制 PoW、股权证明机制 PoS 及委托权益证明 DPoS 等。

基于区块链的科技服务可信交易技术针对数据的处理，选择将相关的科技服务交易数据进行上链存储,保证数据真实、可靠,可追溯防篡改,进而可通过智能合约实现数据的读取,保证数据安全。

## 8.6.3　支持迭代细化的科技服务智能化定制技术

面向科技服务领域,支持迭代细化的科技服务智能化定制技术研究为解决对科技服务提供者和提供者的非结构化、抽象描述的理解问题,进而实现科技服务需求的智能匹配。总体研究思路是:研究面向领域科技服务的需求提取和需求表达,通过需求模型理解用户的实际需求;针对用户个性化需求难以一次性表达的问题,研究智能交互方法,通过反复迭代实现个性化科技服务需求的模型表示;研究基于领域知识图谱的需求服务匹配方法,该方法支持领域知识的抽象和推理,支持需求模型与服务资源的匹配。支持迭代细化的科技服务智能化定制技术研究框架如图 8.12 所示。

目前,该技术的主要研究内容为以下两方面:基于信息抽取的科技服务知识图谱自动构建技术和基于语义匹配的需求-服务匹配技术。

### 1. 基于信息抽取的科技服务知识图谱自动构建技术

基于信息抽取的科技服务知识图谱自动构建技术研究针对科技服务的知识图谱的构建技术,能通过构建知识图谱,结构化地表示科技服务资源的内容、属性、相关性等内容,为科技服务资源的有效应用提供支撑。

科技服务知识图谱的构建流程如图 8.13 所示,首先利用科技服务数据中的结构化部分得到初始图谱;其次处理科技服务文本,通过建立统计模型以发现新词,建立专利术语词典;最后训练基于图的关键短语提取模型和关系提取模型,以生成最终图谱的节点和边。

### 2. 基于语义匹配的需求-服务匹配技术

基于语义匹配的需求-服务匹配技术能准确地理解用户提出的需求,并反馈得到合适的科技服务资源,能对用户的需求文本进行语义层面的理解,而不是传统搜索引擎使用的在文字层面的匹配。

语义匹配系统结构使用预训练语言模型将输入的文本向量化,从而得到可以进行数值计算的包含语义信息的文本嵌入向量,以支持后续的相似度计算,从而通过相似度的排序而反馈 TopK 的匹配列表,得到 $k$ 个最相似的资源。

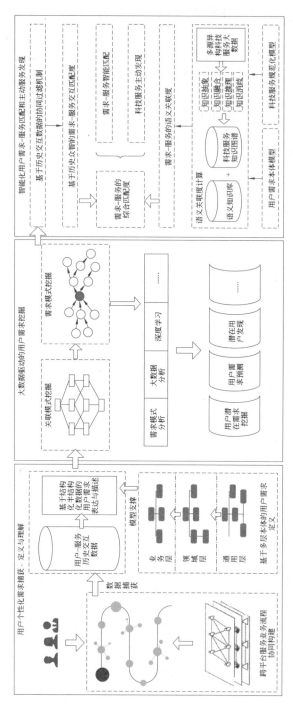

图 8.12 支持迭代细化的科技服务智能化定制技术研究框架

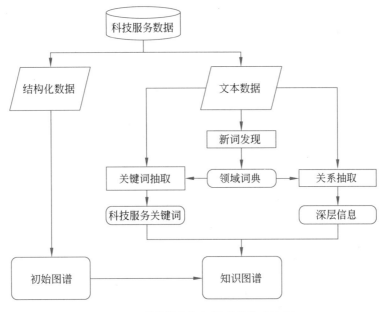

图 8.13　科技服务知识图谱的构建流程

# 8.7　分布式科技服务全链路监控与运行调度优化技术

分布式科技服务全链路监控与运行调度优化技术能保障分布式科技服务平台可靠运行，解决分布式科技服务运行时面临的异构部署、动态扩展、不确定性分析等难点问题。

## 8.7.1　面向服务性能的多粒度监控架构

面向服务性能的多粒度监控架构重点研究感知服务运行性能、状态变化和用户需求变化的分布式服务运行全链路监控方案，并以此为基础形成分布式科技服务的全链路数据。

面向服务性能的多粒度监控架构，从节点、容器和服务粒度级采集运行状态数据，能全面地获取服务的各项运行数据。面向服务性能的多粒度监控架构如图 8.14 所示，由容器集群、监控服务器构成，并提供与用户交互的可视化监控系统，以及用于动态保障服务性能的基于链路数据的调度器。

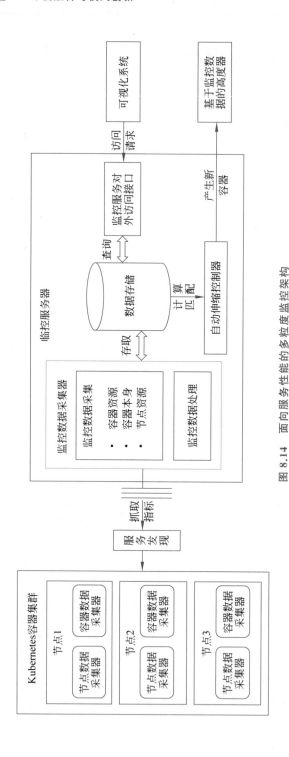

图 8.14　面向服务性能的多粒度监控架构

容器集群(服务支撑环境)：鉴于容器具有部署简单、便捷的优势,架构以基于 Docker 的 Kubernetes 容器云作为服务的支撑环境。服务支撑环境由一组物理节点构成,每个物理节点部署若干容器。为了获取多粒度的监控数据,采用节点数据采集器、容器数据采集器等收集服务运行性能、状态变化和用户需求变化等情况。

监控服务器：是监控架构的核心,用于提供各类监控数据的收集、监控数据的外部访问,以及实现基于监控数据的监控响应功能的自动伸缩控制器。具体地,监控服务器利用监控数据采集模块中配置的多粒度数据采集器获取各类服务运行指标,包括节点、容器和服务的运行性能、状态变化、负载变化等情况。框架具有良好的可扩展性,可以通过自定义第三方数据采集器(exporter)获取更丰富的监控指标。此外,监控数据采集器支持标签机制,可以通过定制标签灵活地选择监控对象,如 Node、Pod、Service、Endpoints 等。标签可以在监控器采集数据之前,通过资源对象的元数据信息,重新写入标签值。由监控数据采集器获取的全链路数据将经过监控数据处理模块处理入库,供外部接口访问或作为自动伸缩的依据。

为了应对一些突发情况,维持服务稳定运行,框架采用自动伸缩控制器提供的监控响应机制保障服务稳定运行。监控响应机制示意图如图 8.15 所示。

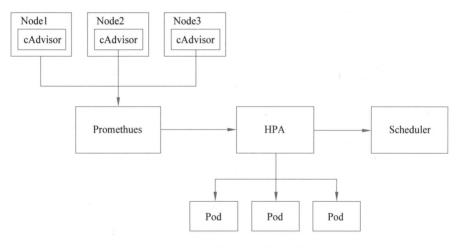

图 8.15　监控响应机制示意图

在服务支撑环境中,服务以容器为载体,且一个容器化服务由多个容器副本构成。当服务的性能指标值超过预设值时,将触发自动伸缩控制器 HPA 响应,即通过计算副本增减数量并执行伸缩操作使服务性能指标维持在预设值下。具体地,采用水平伸缩方式,将新生成的服务副本交给调度器,完成服务的自动伸缩。

## 8.7.2　基于全链路数据的服务分布调度方法

在云环境下,单一的服务已无法满足复杂、分散的业务需求,所以服务以组合的方式,通过服务链对外提供服务。随着微服务技术的发展,服务之间的组合、发现变得更加灵活,随着微服务管理技术的发展,微服务不仅受到学术的关注,也逐渐获得工业界的认可。

在微服务架构下,服务之间的关系是非常复杂的,体现为一个典型的有向有环图,在一个中等规模的应用中,一般会有上百个微服务,而在大型服务中,则会有成千上万的微服务。完整的服务调用链对应一次业务过程访问的多个连续的服务组合,并根据预期的逻辑进行服务交互。随着云环境的持续演进,服务不仅会部署在云上,还可能存在于边或端上,这些不同的资源具有不同容量的节点资源限制、存在差异性的数据传输代价。此外,服务本身也存在领域、时空相关的限制,且服务之间的依赖关系也是影响服务优化部署计算的重要因素。

基于全链路数据的服务分布调度方法充分考虑服务和资源的上述特征,基于链路监控数据探讨服务和资源的匹配,通过服务的分布调度尽可能地优化服务性能。具体而言,以云、混合云、无差别数据中心为基础服务支撑环境,从服务和资源两个视角探讨影响服务性能的约束条件,并结合历史的服务调用链数据,针对服务的优化部署问题开展工作,以进行调度优化方法的实现。

# 第 9 章

# 面向国家战略的科技服务供需协同生态共建模式

## 9.1　模式框架与特点

　　美国、德国、日本、以色列等发达国家先进制造业与科技服务融合的做法，主要包括以下几方面：①科技政策供给服务为先进制造业营造良好的发展环境；②政府指导下的科技服务平台促进先进制造业不断创新；③强大的信息服务业为先进制造业发展提供技术支撑；④不断探索先进制造业技术理念和体系框架。在此基础上，结合我国现阶段的发展特点，提出一种新型先进制造业科技服务融合发展模式——面向国家战略的供需协同生态共建模式。面向国家战略的供需协同生态共建模式框架如图 9.1 所示。

　　面向国家战略的供需协同生态共建模式具有以下几个特点：

　　一是先进制造业与科技服务业融合发展的桥梁是先进制造业科技服务平台。先进制造业科技服务平台通过集成多方资源为先进制造业创新化发展提供知识、技术、资金等方面支持，为成果转移与落地提供重要基础条件，是先进制造业高效、顺利进行创新活动的强有力的支撑工具。其中，第四方先进制造业科技服务平台是实现先进制造业与科技服务业深度融合发展的关键媒介，是实现跨行业、跨平台、跨区域、跨模态的智能化可信先进制造业服务核心环节。

　　二是政府指导下的先进制造业科技服务网络。面向国家战略的供需协同生态共建模式有利于构建政府指导下的先进制造业科技服务平台，进而深度推进先进制造业与科技服务业深度融合，积极吸收美国、德国等发达国家的科技服务网络建设经验，集中优势力量，综合

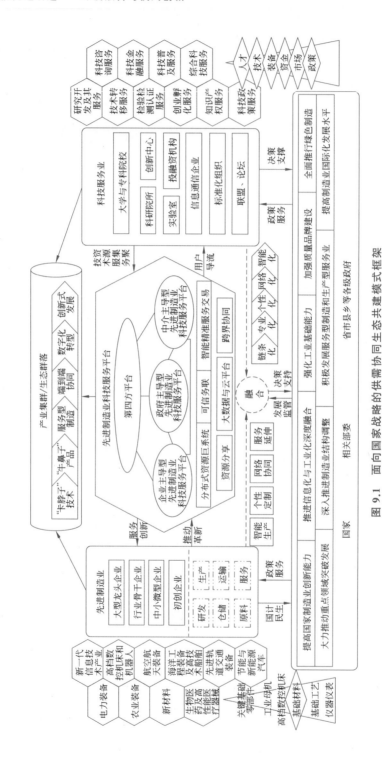

图 9.1 面向国家战略的供需协同生态共建模式框架

利用政策、财政、资本、税收等相关工具,整合政产学研用优势资源,并逐步将这些科技服务平台有机地联系起来,打造有序分工、紧密合作、协同服务的先进制造业科技服务协同网络,为先进制造业提供系统、全面、综合性科技服务,全面提升我国先进制造业科技创新能力,进而快速形成协同攻关能力,解决"卡脖子"技术问题,研发出"牛鼻子"产品。

三是以国家战略为导向的先进制造业科技服务协同体系。面向国家战略的供需协同生态共建模式有利于国家战略导向的部署与发展,形成推动跨域、跨平台科技服务生长、协同与自适应演化机制,解决好先进制造业价值链协同中的多维度、多层次、多样化的智能化需求与服务匹配、价值分配等问题,进而产生科技服务开放互联、众智协同的内生动力。当前,可以从先进制造业九大战略任务和重点出发,即提高国家制造业创新能力、推进信息化与工业化深度融合、强化工业基础能力、加强质量品牌建设、全面推行绿色制造、大力推动重点领域突破发展、深入推进制造业结构调整、积极发展服务型制造和生产型服务业、提高制造业国际化发展水平,为先进制造业十大领域赋能。

四是自主可控、创新活跃、精准高效、国内国际协同的生态群落。在模式实施过程中,可以选取优势产业开展落地实践,推动服务协同与务联网、精准服务与科技大数据等服务计算研究技术成果在先进制造业领域试点示范,打通科技服务平台信息孤岛,同步科技资源供需,提高科技创新成效,打造政策供给充分、融合机制灵巧等融合产业环境,构建先进制造业、先进制造业科技服务平台、科技服务业各环节端到端协同的产业链,逐步形成自主可控、创新活跃、精准高效、国内国际协同的先进制造业科技服务资源与服务协同的生态群落,进而充分发挥群策群力,促进群智涌现,实现产业升维,保证国家产业安全。

## 9.2　模式分析

### 9.2.1　科技服务业主体

科技服务业是指运用现代科技知识、现代技术和分析研究方法,以及经验、信息等要素向社会提供智力服务的新兴产业,主要包括科学研究、专业技术服务、技术推广、科技信息交流、科技培训、技术咨询、技术孵化、技术市场、知识产权服务、科技评估和科技鉴证等活动。如图 9.2 所示,我国的科技服务业建立在人才、技术、装备、资金、市场、政策的共同支持下,由大学与专科院校、科研院所、创新中心、实验室、投融资机构、信息通信企业、标准化组织、联盟、论坛等实体组成,提供包括研究开发及其服务、技术转移服务、检验检测认证服务、创业孵化服务、知识产权服务、科技政策服务、科技咨询服务、科技金融服务、科技普及服务、综合科技服务在内的科技服务。

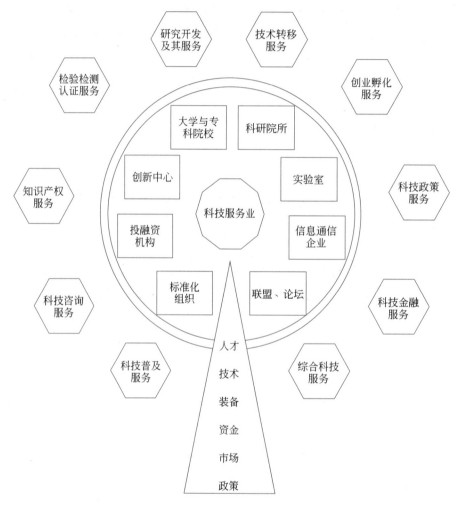

图9.2　科技服务业生态树

　　我国的科技服务业虽有长足进步,但在软硬件能力上仍然不能完全满足技术要素市场升级需求,突出表现在以下三方面:一是大市场运营偏弱,机构多而不强,部分服务机构以中短期效益为主导,造成自身运营能力及服务软硬件的效能偏低,缺乏面向技术要素大市场应有的战略规划、纵深布局和持续运营力,跟踪挖掘大客户深度不足,中后台数字化水平低,难以充分履行其技术要素市场做市商的角色职能;二是一站式服务能力不强,高端市场流动性不足,高新技术要素及其相关创新项目的服务需求大都是复合型、非标准化,但目前部分服务机构停滞于信息中介、交易撮合等中低级业态,缺乏面向高端客户项目的全周期服务能力,服务资源能力难以提供集成型的一站式服务,抑制技术要素市场高质量发展;三是要素市场体系不完善,行业服务能级不高。科技服务业融入技术要素市场,聚焦创新链进行技术要素增值、资源配置加速,完善数字技术支持的体系未完全形成,科技服务行业相关技术转移、人才培养、评价评估、法律会计及资本市场服务尚未连成网络,亟待健全扎根于技术要素市场的更高能级行业赋能。

## 9.2.2　先进制造业主体

先进制造业是相对于传统制造业而言,指制造业不断吸收电子信息、计算机、机械、材料,以及现代管理技术等方面的高新技术成果,并将这些先进制造技术综合应用于制造业产品的研发设计、生产制造、在线检测、营销服务和管理的全过程,实现优质、高效、低耗、清洁、灵活生产,即实现信息化、自动化、智能化、柔性化、生态化生产,取得很好的经济收益和市场效果的制造业总称。如图 9.3 所示,我国的先进制造业由大型龙头企业、行业骨干企业、中小微型企业以及初创企业组成,在仪器仪表、基础工艺、基础材料、高档数控机床、工业母机、关键基础零部件的技术支持下,实现研发、仓储、原料、生产、运输、服务的先进生产制造的全流程,集中体现在新一代信息技术产业、航空航天装备、高档数控机床和机器人、先进轨道交通装备、海洋工程装备及高技术船舶、节能与新能源汽车、电力装备、农业装备、新材料、生物医药及高性能医疗器械等领域。

当前,具有通用性、基础性和使能性的科学和技术不断取得突破,创新应用不断加快和普及,新一轮科技革命和产业变革正在加速。科技与产业的互动越来越密切,人工智能、高性能计算、量子信息科技、生物技术、先进材料科学等前沿科技不断发展,形成放大效应,助力新产业部门和新商业业态的培育壮大,并带动诸多传统行业转型升级。前沿科技尤其是信息技术,为先进制造业的培育和发展带来了新契机。

## 9.2.3　先进制造业科技服务平台

先进制造业科技服务平台包括企业主导型先进制造业科技服务平台、政府主导型先进

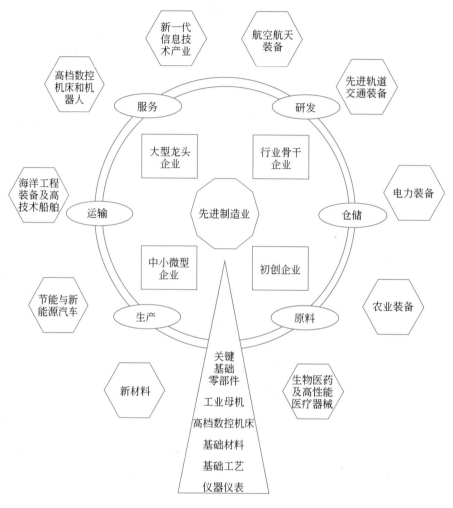

图 9.3　先进制造业生态树

制造业科技服务平台、中介主导型先进制造业科技服务平台,以及整合各类第三方先进制造业科技服务平台资源的第四方科技服务平台,如图9.4所示。基于大数据与云平台,以及分布式资源巨系统的实现,实现智能精准服务交易、资源共享、可信务联、跨界协同。

　　先进制造业科技服务平台是先进制造业与科技服务业融合发展的桥梁。第四方先进制造业科技服务平台通过整合其他第三方科技服务平台、机构和自身的科技服务资源以促成先进制造业增长极的形成,进一步带动其他产业发展,推动产业链联合形成产业集群,促进经济的增长。因此,科技服务平台与先进制造业并非单向促进的关系,而是相互作用,协同

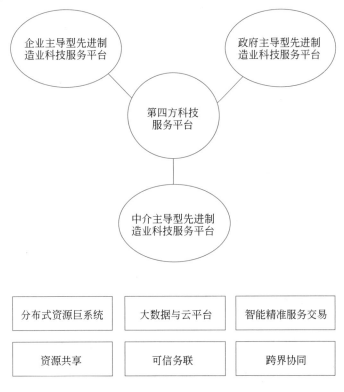

图 9.4　先进制造业科技服务平台

并进。

通过先进制造业科技服务平台,可以实现降低信息资源获取成本,提高需求与供给的匹配度,推动高质量科技服务供给、助力先进制造企业发展的目的。

目前,大量可供选择的科技服务平台或机构资源增加了制造企业的选择和判断成本,互联网大量的数据信息阻碍了需求企业高效的资源获取路径。第四方平台服务模式旨在连接各领域多家科技服务平台和机构,汇聚先进制造细分领域的技术成果,以及数据信息等轻资产资源,打破区域和行业限制,在科技服务信息获取阶段帮助企业降低寻找可靠性资源的成本。

技术经纪人熟悉先进制造企业业务发展诉求,具备各领域科技资源专业知识,了解市场合作运转模式。第四方平台由专业技术经纪人对接企业的需求,然后对平台服务资源进行综合评估后为先进制造企业快速推荐匹配度更高的科技服务供给方,有效解决了先进制造业科技服务融合发展的供需精准匹配问题。

第四方平台的运作模式把第三方平台整合在一起,在先进制造和科技服务行业形成更开放、透明、合理的科技服务网络,向更多的先进制造企业和科技服务企业开放。这种模式不仅扩大了科技服务企业的市场、增加了先进制造业服务资源获取的选择范围,长期看,一定的竞争也将不断推动科技服务企业高质量服务的供给、助力我国先进制造业的创新发展,为先进制造业与科技服务业融合发展起到可持续的促进作用。

# 9.3　生态共建模式动力源

国家战略是该科技服务供需协同生态共建模式的动力源,国家战略催发该科技服务供需协同生态共建模式的诞生和演进,该科技服务供需协同生态共建模式是落实国家战略目标的具体举措,助力国家战略的实现。

## 9.3.1　国家战略的主要内容

国家战略致力于推动先进制造业、科技服务业的高质量发展。围绕实现制造强国的战略目标,《中国制造 2025》明确了战略任务和重点,具体分为以下九方面。

(1) 提高国家制造业创新能力。

提高国家制造业创新能力是顺应新一轮科技革命与产业变革新趋势、抢占全球竞争制高点的战略选择;面对我国制造业创新发展的成绩和问题,提高创新能力是建设制造强国的重要举措。提高国家制造业创新能力的重点任务包括加强关键核心技术研发、提高创新设计能力、推进科技成果产业化、加快国家制造业创新体系建设、加强标准体系建设、强化知识产权运用。

(2) 推动信息化与工业化深度融合。

贯彻落实党中央国务院关于两化深度融合的战略部署,包括夯实产业基础,增强两化融合支撑服务能力;培育新兴产业,增强产业发展活力;创新工作机制,推广普及两化融合管理体系;突出试点示范,推动传统产业转型升级。当前两化深度融合取得的重要进展包括改造提升传统产业,工业发展质量和效益不断提升;新一代信息通信技术与制造业融合创新,不断催生新业态新模式;新兴产业快速发展,两化融合支撑能力不断增强。

（3）强化工业基础能力。

核心基础零部件（元器件）、先进基础工艺、关键基础材料和产业技术基础等工业基础能力薄弱，是制约我国制造业创新发展和质量提升的症结所在。要坚持问题导向、产需结合、协同创新、重点突破的原则，着力破解制约重点产业发展的瓶颈。统筹推进"四基"发展；加强"四基"创新能力建设；推动整机企业和"四基"企业协同发展。

（4）加强质量品牌建设。

把加强品牌建设作为经济社会转型发展的战略举措，明确要求把推动发展的立足点转向提高质量和效益上，形成以技术、品牌、质量、服务为核心的国际竞争新优势。同时，对加强品牌建设、促进品牌发展也有明确要求：加强品牌建设，以质量提升增强发展后劲，靠质量内涵聚集要素资源，增强自主创新能力和区域竞争力，推动制造向创造转变、速度向质量转变、产品向品牌转变，确保实现中高速增长、中高端发展双重目标，不断提升质量与品牌的发展水平和综合竞争力。

（5）全面推行绿色制造。

加大先进节能环保技术、工艺和装备的研发力度，加快制造业绿色改造升级；积极推行低碳化、循环化和集约化，提高制造业资源利用效率；强化产品全生命周期绿色管理，努力构建高效、清洁、低碳、循环的绿色制造体系。

（6）大力推动重点领域突破发展。

瞄准新一代信息技术、高端装备、新材料、生物医药等战略重点，引导社会各类资源集聚，推动优势和战略产业快速发展。

（7）深入推进制造业结构调整。

推动传统产业向中高端迈进，逐步化解过剩产能，促进大企业与中小企业协调发展，进一步优化制造业布局。

（8）积极发展服务型制造和生产型服务业。

加快制造与服务协同发展，推动商业模式创新和业态创新，促进生产型制造向服务型制造转变。大力发展与制造业紧密相关的生产性服务业，推动服务功能区和服务平台建设。

（9）提高制造业国际化发展水平。

统筹利用两种资源、两个市场，实行更加积极的开放战略，将引进来与走出去更好地结合，拓展新的开放领域和空间，提升国际合作的水平和层次，推动重点产业国际化布局，引导企业提高国际竞争力。

### 9.3.2　国家战略相关政策分析

#### 1. 中央政府与各部委政策

我国在较早的时候就已经充分认识到发展先进制造业的重要性和必要性,并结合国际国内形势发展情况,各级政府先后发布了相关的政策文件,引导先进制造业科技服务发展。

《中国制造 2025》是由国务院于 2015 年 5 月印发的部署全面推进实施制造强国的战略文件,是中国实施制造强国战略第一个十年的行动纲领。

2016 年 8 月 19 日,工业和信息化部、国家发展改革委、科技部、财政部联合印发《工业强基工程实施指南》,围绕《中国制造 2025》十大重点领域,开展重点领域"一揽子突破行动",实施重点产品"一条龙"应用计划,建设一批产业技术基础平台,培育一批专精特新"小巨人"企业,推动"四基"领域军民融合发展。

2017 年 11 月,国务院发布《国务院关于深化"互联网＋先进制造业"发展工业互联网的指导意见》,目标是到 2025 年,基本形成具备国际竞争力的基础设施和产业体系,覆盖各地区、各行业的工业互联网络基础设施基本建成,工业互联网标识体系不断健全并规模化推广,形成 3～5 个达到国际水准的工业互联网平台。

2019 年 9 月,财政部、税务总局发布《财政部 税务总局关于明确部分先进制造业增值税期末留抵退税政策的公告》,自 2019 年 6 月 1 日起,同时符合以下条件的部分先进制造业纳税人,可以自 2019 年 7 月及以后纳税申报期向主管税务机关申请退还增量留抵税额,并提出五大操作性指导意见:①增量留抵税额大于零;②纳税信用等级为 A 级或者 B 级;③申请退税前 36 个月未发生骗取留抵退税、出口退税或虚开增值税专用发票情形;④申请退税前 36 个月未因偷税被税务机关处罚两次及两次以上;⑤自 2019 年 4 月 1 日起未享受即征即退、先征后返(退)政策。

2019 年 11 月 15 日,国家发展改革委等 15 部门联合印发《关于推动先进制造业和现代服务业深度融合发展的实施意见》,明确到 2025 年,形成一批创新活跃、效益显著、质量卓越、带动效应突出的深度融合发展企业、平台和示范区,企业生产性服务投入逐步提高,产业生态不断完善,两业融合成为推动制造业高质量发展的重要支撑。

2021 年 4 月,银保监会发布《关于 2021 年进一步推动小微企业金融服务高质量发展的通知》,提出重点增加对先进制造业等的中长期信贷支持。

2021 年 4 月,财政部、税务总局发布《关于明确先进制造业增值税期末留抵退税政策的公告》,提出自 2021 年 4 月 1 日起,同时符合条件的吸纳进制造业纳税人,可以自 2021 年 5 月及以后纳税申报期向主管税务机关申请退还增量留抵税额。后又发布《国家税务总局关于明确先进制造业增值税期末留抵退税征管问题的公告》,符合上述规定的纳税人可申请退还增量留抵税额。

2. 部分地方政府政策

在国家和部委先进制造业战略政策的指引下,我国各省市也纷纷加大科技和产业政策服务供给,出台相关的政策文件,加快落实国家和相关部委的精神,创建宽松有力的发展环境,并结合各地产业实际,提出了具体的发展目标和重点行业领域。

2019 年 2 月,江苏省淮安市发布《淮安市政府关于加快培育先进制造业集群的指导意见》,提出到 2025 年,10 个先进制造业集群应税开票销售力争突破 3000 亿元,新能源汽车及零部件、化工新材料、高端装备制造集群规模力争分别达到 1000 亿元、500 亿元、400 亿元,集成电路、应用电子、特色食品精深加工 3 个集群规模力争都达到 300 亿元。

2019 年 6 月,江苏省扬州市发布《扬州市政府关于加快先进制造业(集群)发展的政策意见》,对当年工业设备投资不低于 600 万元的技改项目,给予设备投资额不超过 6% 的补助,单个项目补助最高不超过 300 万元。

2020 年 4 月,江苏省南京市发布《南京市政府办公厅关于加强金融支持新型研发机构高新技术企业和先进制造业发展的通知》,凡在科创板成功上市的,给予每家企业(机构)300 万元的一次性补贴支持。

2020 年 9 月,江苏省发布《关于组织开展江苏省先进制造业和现代服务业深度融合试点工作的通知》,"两业融合"试点将重点围绕和依托新型电力(新能源)装备、工程机械、物联网、高端纺织、前沿新材料、生物医药和新型医疗器械、集成电路、海工装备和高技术船舶、高端装备、节能环保、核心信息技术、汽车及零部件(含新能源汽车)、新型显示 13 个先进制造业集群。

2019 年 10 月,广东省深圳市发布《深圳市住房和建设局关于面向先进制造业企业定向配租公共租赁住房的通告》,面向深圳市先进制造业企业定向配租,用于解决符合条件的职工阶段性的住房困难。

2020年5月,广东省深圳市发布《深圳市人民政府办公厅关于进一步促进工业设计发展的若干措施的通知》,引领先进制造业向服务型制造加速转型。

2019年12月,广东省广州市发布《广州市先进制造业强市三年行动计划(2019—2021年)》,到2021年,广州市先进制造业增加值超过3000亿元,打造汽车、超高清视频及新型显示两大世界级先进制造业集群,集群规模分别达6000亿元、2300亿元,打造新材料、都市消费工业等四大国家级先进制造业集群。

2020年2月,广东省广州市发布《关于印发适用广州市黄埔区广州开发区促进先进制造业发展办法实施细则》,鼓励企业运用出口信用保险工具,有效降低企业投资贸易风险,进一步理顺相关信保扶持条款的兑现工作。

2021年4月,广东省广州市发布《关于组织申报2020年进一步促进先进制造业办法奖励的通知》,为进一步促进先进制造业发展,设立经营贡献奖、成长壮大奖、转型升级奖等鼓励企业向先进制造业发展。

2021年5月,浙江省发布《浙江省全球先进制造业基地建设"十四五"规划(征求意见稿)》,推动纺织产业向高端化、品牌化、时尚化、绿色化方向发展,到2025年,现代纺织产业链年产值达到1万亿元。

### 9.3.3 国家战略对科技服务供需协同生态共建模式的意义

面向国家战略的供需协同生态共建模式是在国家战略指导下,以第四方先进制造科技服务平台为纽带,实现先进制造业、科技服务业供需双方的创新链、产业链、资金链融合,并共同构建自主可控、创新活跃、精准高效、国内国际协同的生态群落,加快解决"卡脖子"技术问题,研发出"牛鼻子"产品。

面向国家战略的供需协同生态共建模式可以确保国家战略任务落地,实施集智攻关,有利于国家战略导向的部署与发展,以智能化、可信的第四方先进制造科技服务平台为纽带,共建协同生态群落,形成推动跨域、跨平台科技服务生长、协同与自适应演化机制,解决好先进制造业价值链协同中的多维度、多层次、多样化的智能化需求与服务匹配、价值分配等问题,促进先进制造业科技服务供需的精准匹配,推动两大行业深度融合以及供需双方的创新链、产业链、资金链融合,实现跨行业、跨企业、跨平台协同,进而产生科技服务开放互联、众智协同的内生动力。

## 9.4　生态共建作用机理

### 9.4.1　国家科技战略政策为先进制造业营造发展环境

国家战略为我国先进制造业确立了发展重点。美国先进制造业发展的重点是工业互联网,并以此保护经济,扩大就业,构建弹性供应链,从而打造强大的制造业和国防基础;德国先进制造业发展的重点是工业 4.0,建设智能工厂;英国先进制造业发展的重点是利用新技术重构制造业价值链;日本先进制造业发展的重点是推行机器人大国战略。根据党的十九大报告,我国先进制造业发展的重点是推动世界级先进制造业集群的培育,鼓励东部地区加快培育世界级先进制造业集群,引领新兴产业和现代服务业发展,促进我国产业迈向全球价值链中高端水平。

国家战略为我国先进制造业明确了政策目标。美国先进制造业发展的政策目标是保持全球领导地位,打造技术高地,应对金融危机,解决劳动力成本上升和工业空心化问题;德国的政策目标是确保全球工业领域的领先地位,提升全球价值链分工地位,打造数字强国,应对金融危机;英国的政策目标是应对金融危机,遏制工业空心化趋势,维护经济韧性;日本的政策目标是巩固"机器人"大国地位,改善制造业低收益率的局面。我国先进制造业发展的政策目标是将先进制造业作为大国科技和产业竞争的焦点,打破单边主义、保护主义等逆全球化趋势;将先进制造业作为传统产业转型升级的主要方向,打破传统制造业特别是劳动密集型产业的国际竞争新优势;将先进制造业作为推动经济绿色低碳发展的重要支撑,缓解我国制造业面临的持续增长与节能减排的双重压力。

### 9.4.2　先进制造业反哺国计民生

制造业是立国之本、强国之基,是国家经济命脉所系。先进制造业的高质量发展是我国迈向高收入国家的"入场券"。2020 年,我国人均 GDP 超过 7.2 万元人民币,正日益迈入高收入国家门槛。观察世界上先行工业化国家的发展轨迹,发现这些国家都是依靠强大的制造业达到高收入国家的水平。改革开放以来,制造业的快速发展直接或者间接地创造了越来越多的就业岗位,极大地推动了我国城镇化进程,持续提高了居民收入。2010—2019年,我国城镇单位就业人员平均工资从36539元提高到90501元,工资增速高于同期我国GDP年均增速和企业收入平均增速。我国制造业工资水平与美国、日本、韩国等国家的差距正在缩小。"十四五"规划和2035年远景目标纲要将"民生福祉达到新水平"作为"十四五"时期经济社会发展主要目标的重要内容,强调"实现更加充分更高质量就业,城镇调查失业率控制在5.5%以内,居民人均可支配收入增长与国内生产总值增长基本同步",这彰显了以人民为中心的发展思想,也将为扎实推进共同富裕打下重要基础。在这一伟大进程中,先进制造业需发挥自身优势,将保障已有就业岗位、创造新兴就业创业机会等重要作用发挥出来。

### 9.4.3 国家战略推动科技服务业快速发展

我国的科技服务业相比发达国家起步较晚,但是发展速度很快,这离不开中央、地方各级政府对科技服务业的大力支持。2014年10月28日,国务院发布的《关于加快科技服务业发展的若干意见》除明确94项重点任务外,还部署了健全市场机制、强化基础支撑、加大财税支持、拓宽资金渠道、加强人才培养、深化开放合作、推动示范应用7项政策措施,为我国科技服务业的蓬勃发展奠定了坚实的基础。随后,国家又先后出台了《"十三五"现代服务业科技创新专项规划》《关于技术市场发展的若干意见》等系列文件,不少省、市也专门制定了支持科技服务业发展的相关政策,为科技服务业发展提供了良好的政策环境。

2021年12月24日签发的《中华人民共和国主席令(第一〇三号)》显示,《中华人民共和国科学技术进步法》已修订通过,并于2022年1月1日实施。其中特别引人注意的一点是,该法令明确了政府采购将优先选取国内科技创新产品、服务。显然,《中华人民共和国科学技术进步法》的实施意在通过推动科技服务业的发展,提升中国科技创新能力。

### 9.4.4 科技服务业为先进制造业发展提供技术支撑

工业软件和通用基础软硬件、网络系统等是先进制造业科技服务的重要内容,为先进制造业可持续发展提供必要的技术支撑,避免先进制造业发展落入被"卡脖子"的境地。先进制造业是制造业与信息产业深度融合的产物,信息技术是先进制造业不可或缺的重要组成部分,工业软件是先进制造业的重要支撑,它可以帮助先进制造业企业实现数字化转型和智能制造,提高生产效率和质量,提升竞争力,从而实现先进制造业企业可持续发展。专业的工业软件并不是独立存在的,还需要有操作系统、数据库、云计算、大数据、人工智能等通用基础软件以及服务器、工作站、工业互联网、互联网等硬件与网络系统为之提供基础运行环境。离开这些支撑环境,工业软件将会成为空中楼阁。以部分工业软件与通用基础软件类型为例,美国的行业领先软件与中国国产竞品软件对照见表 9.1。

表 9.1　美国的行业领先软件与中国国产竞品软件对照

| 软件类型 | 美　　国 | 中　　国 |
|---|---|---|
| CAD | AutoCAD、3ds Max、Unigraphics、SolidWorks | CAXA、浩辰 CAD、尧创 CAD、中望 CAD |
| CAE | Ansys、Nastran、Fluent | Simdroid、HAJIF、ZWSim-EM |
| EDA | Synopsys、Cadence、Mentor | 华大九天、国微思尔芯 |
| ERP | SAP、Oracle、Infor | 用友软件、金蝶国际 |
| MES | MOM、FlexNet、FAB300、PROMIS、Aspen | CAXA MES、华天 MES、谷器 MES |
| 操作系统 | Windows、UNIX、Linux、Android、macOS、iOS | 银河麒麟、统信 UOS、Deepin、OpenHarmony |
| 数据库 | Oracle、DB2、MySQL、SQL Server、NoSQL | TiDB、OceanBase、GreatDB、GBase |
| 编译平台 | Visual C++、Java、Perl | 中科智灵、OpenSumi |
| 数据分析 | Mathematica、MATLAB、Tecplot | Truffer 和鲸 K-Lab |
| 专业计算 | Gaussian、Materials Studio | 北太天元 |
| 云计算 | AWS、Salesforce、VMware | 用友 YonBIP、CloudVirtual |
| 大数据 | Apache、DataX、Spark | Smartbi |
| AI 平台 | TensorFlow、PyTorch、SystemML、DMTK | HyperCycle、OneFlow、MindSpore |

在先进制造业国家发展战略的大背景下,工业企业转变发展模式、加快两化深度融合成为大势所趋,工业软件以及信息化服务的需求将继续增加,2016—2021 年中国工业软件市场保持持续增长态势。据资料显示,2021 年我国工业软件产品收入达 2414 亿元,同比 2020 年增长 22.29%。

## 9.4.5　科技服务平台集聚技术资源促进先进制造业创新

面向先进制造业的科技服务平台是在科技创新活动的现实需求和制造业发展转型的战略需求下,采用一定的规则与方法,将不同主体、不同种类的科技创新资源有效地集成起来,并通过相适配的供需匹配机制和服务模式,为先进制造企业提供仪器共享、转移转化、创业融资等各类科技服务的有机载体。

　　传统的制造业亟需摆脱处在价值链低端的地位,带来更多的经济效益,提高先进性,就需要寻求专业化的科技服务业的支持和辅助,在这个前提下,制造企业可以实现增值、增效,提升创新速度与先进性。以科技信息及文献服务业为例,收集企业与研究机构、大学、政府的信息,包含人才、技术、市场和资金等供求状况的信息,可以促进创新沟通、知识扩散和信息传播,为制造业提升先进性提供所需的知识和信息资源,指引制造业运用前沿的科技信息及最新的科技成果生产出市场上需要的产品。以科学试验与研发设计服务业为例,可以深入制造业整个生产体系的细枝末节,以其高知识、高技术含量的优势攻克产业链的各个关键技术环节,帮助制造业由依靠劳动投入转为依靠技术创新,从而提高制造业产品的附加值,以及整个生产过程的优化、生产效率的提高、资源消耗的降低。还可以帮助制造业在技术上由动态追随转为自主创新,推动制造业的技术进步,加速制造业的产品研发、高校创新,引导制造业攀升价值链高端。以科技成果推广与转移服务业为例,通过知识共享、服务贸易和交流等方式将先进的技术介绍、引进、转移到服务业,从而帮助制造业提高生产效率、提升产品的科技含量。

　　第四方科技服务平台从国家战略任务和重点出发,以平台为桥梁和纽带,打造政府指导下的科技服务平台,共同构建战略新兴产业科技服务生态。采取产业集群龙头企业引领和科技服务融合发展模式,从互动延伸型融合起步,向交叉渗透融合目标发展。第四方科技服务平台采用的关键技术有:①业务模型驱动的分布式科技服务集成技术:为提高服务复用率、屏蔽领域间差异,以快速满足租户需求,实现业务模型驱动的层次化科技服务集成方法;②基于产业链图谱和科技服务空间的多维度多层次科技服务融合技术:针对服务资源池中的服务组织与融合问题,提出基于服务映射及虚拟化技术的服务重组方法;③基于BPMN的科技服务协同方案建模及执行技术:针对多主体参与的科技服务协同问题,基于BPMN科技服务协同建模及执行过程与SaaS系统集成技术;④基于多智能体的科技服务协同技术:针对分布式微服务协同过程中信息不完备的问题,提出内在驱动的多智能体协同服务组合策略;⑤面向科技服务的知识图谱构建技术:为解决科技服务资源的理解问题,从科技服务大数据出发,建立面向科技服务的知识图谱,以支持智能化的服务匹配;⑥基于知识图谱的需求-服务匹配技术:为解决用户的需求理解与服务匹配问题,提出基于知识图谱的用户需求-服务匹配技术。

# 第 10 章

# 以中介(技术经纪人)驱动的科技服务平台双循环运营发展模式

## 10.1　模式框架

先进制造业科技服务需要适应经济建设和科技进步发展需要,以面向企业技术创新和提高竞争力为主。因此,针对产学研一体化高效创新及转化机制缺乏、各类创新主体难以协同、创新资源配置不够高效精准等问题,可以考虑建立一种社会化、产业化服务的科技服务中介(技术经纪人)驱动的科技服务平台双循环运营发展模式(见图10.1)。该模式以构建第四方平台为目标,连接已有的第三方平台和可提供科技服务的组织机构,形成先进制造业科技服务融合发展的价值链、创新链、产业链,旨在为不同的先进制造企业和科技服务企业搭建促进其高效融合发展的桥梁。

科技服务中介(技术经纪人)驱动的科技服务平台双循环运营发展模式具有相互关联的两个循环系统。

一个是第四方科技服务平台与第三方科技服务平台之间的循环系统,简称服务循环系统。在服务循环系统中,第三方科技服务平台对自身科技服务资源进行信息共享后,第四方科技服务平台对第三方科技服务平台的科技服务资源进行价值评估、集成整合,以便为先进制造企业提供一揽子服务。

另一个是第四方科技服务平台与先进制造企业之间的循环系统,简称需求循环系统。在需求循环系统中,先进制造企业根据自身情况提出科技服务需求,第四方科技服务平台对所提需求进行理解分析,并根据分析的结果将从第三方科技服务平台所获取和整合的服务

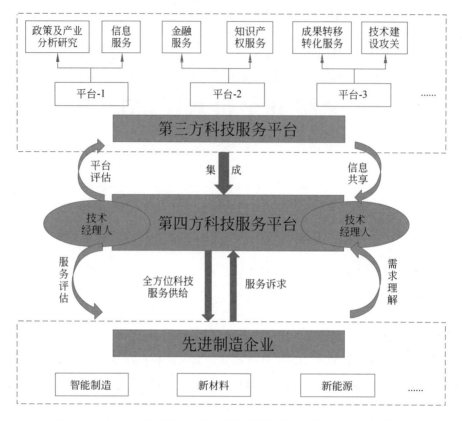

图 10.1　中介（技术经纪人）驱动的科技服务平台双循环运营发展模式

内容提交给先进制造企业,再根据先进制造企业的反馈对服务资源和服务的质量等进行评估。

科技服务中介(技术经纪人)是本模式的核心,在服务循环系统和需求循环系统之间起到桥梁和纽带的作用。科技服务中介(技术经纪人)不仅具备精准分析、分解先进制造企业科技服务需求的功能,还具有整合、萃取科技服务平台所提供的科技服务内容的功能。通过科技服务中介(技术经纪人)在两个循环系统之间的沟通联络,可以使得科技服务需求与供给之间实现精准匹配,进而提高科技服务的质量和效率。

科技服务中介(技术经纪人)驱动的科技服务平台双循环运营发展模式具有以下几方面特点:

- 以构建第四方平台为目标,集成已有的第三方平台和可提供科技服务的组织机构,打造先进制造业科技服务双循环系统;

- 第四方平台通过技术经理人驱动实现融合系统内生动力,为不同先进制造企业和科技服务企业搭建促进其高效融合发展的桥梁;
- 典型运营模式:科技服务中介(技术经纪人)驱动模式、服务空间(领域、区域)运营模式、自有内容和第三方内容协同服务运营模式、基于第四方平台双循环运营模式、基于区块链的交易数据保全模式。

## 10.1.1　第四方平台的核心功能

第四方科技服务平台的核心功能包括以下几方面:

一是优化研发资源配置。第四方平台应用人工智能技术,对第三方平台技术优势进行梳理、检索,遴选高度匹配的有效技术团队为不同细分产业服务。

二是专业增值服务。第四方平台定期组织开展技术成熟度、商业成熟度研究,培养专业的评估团队,为技术落地及其产业化、商业化进程提供咨询等增值服务。

三是技术成果转移转化。结合技术评价服务结果,第四方平台联合基金、投资公司,为产业发展投资提供资金、金融支持。

四是信息咨询服务。开展政府、区域、企业的信息支持,开展政策研究、产业研究,形成系列化信息咨询服务。

## 10.1.2　第四方平台的参与团队

第四方平台引入技术经纪人,形成企业、第三方平台和第四方平台之间的服务纽带。第四方平台运作过程中四者服务关系如下。

技术经纪人与第四方平台为合伙制,技术经纪人可以全职或者兼职模式,根据其技术合同额按比例分配。前期投入方面,可以进行记账核算,提供前期服务资金,按实际支出报销。

第三方平台与第四方平台为合同机制,三方之间在服务之初签订服务合同,三方按具体服务的内容进行分配。第三方平台掌握自身的核心数据,并为第四方平台提供信息接口,信息接口内容包括技术服务和需求解决方案,用户通过第四方平台与第三方平台合作,第三方平台可给予一定比例优惠,并且第四方平台提供技术评估服务。

技术经纪人与第三方平台无合同关系,技术经纪人是第四方的合伙人,其调用资源需要经第四方平台确认,第四方平台提供资源,技术经纪人提供资源整合服务,第三方平台提供数据资源。

### 10.1.3 平台建设方向

在进行第四方平台建设时,可以充分考虑平台的建设资源投入、重点行业、区域需求、技术路线等因素,以便打造投入适度、供需协同、持续发展的先进制造业科技服务平台。为此,可以考虑从以下三方面入手。

一是第四方平台以轻资产为主,主要开展政策及产业分析研究、信息、知识产权、成果转移转化服务。此类服务的核心资源为数据,包括产业数据、市场需求数据、专利数据、成果数据、专家数据。这就需要考虑做数据类型、内容及价值分析,研究数据分析算法。服务方式需要考虑的因素包括技术成熟度相关标准评价、咨询、分析等。

二是与区域产业部门共同打造新一代科技服务平台,汇聚新材料、汽车等先进制造细分领域的项目、成果、专家数据,由熟悉技术、经济、产业、政策等技术经纪人提供高素质的科技需求分析、评估以及对接服务。

三是打造区域的工业互联网平台,汇聚规模以上企业的非密数据,协助园区、地方对接国家顶级平台,进一步形成政策支撑、行业分析、项目落地、转移转化的业务能力。

## 10.2 平台功能设计

### 10.2.1 绘制科技服务状态下的产业链图谱

根据规则,映射应用科技服务重组,定义垂直领域产业链及相关资源类型和服务条件要求,实时监控科技服务状态,积累运行数据,形成数据采集和预测维护功能,进而迭代更新产业链资源、科技服务功能,扩大科技服务空间。

### 10.2.2 设计科技服务定制化服务工具

基于科技服务通用功能,结合垂直领域产业特点,通过虚拟映射、仿真设计的方式,提供基于产业链的科技服务组织、各类服务资源展示与交互、服务检索、科技服务资源库管理服务,并及时发现缺失的科技服务,形成个性化服务功能定制、服务功能仿真、服务数据分析和开发服务协同工具。

### 10.2.3　需求导向下的科技中介服务

面向企业用户的定制化需求,科技中介组织提供协同多个科技服务提供方实现的综合解决方案,以为企业用户提供一站式的服务,具体包括协同要素定义、协同方案模型、科技服务协同实施。

### 10.2.4　商务目标分析及配套服务实施

平台可通过需求信息,指引科技中介机构检索出相应商务目标。通过线下协同、沟通方式,实现服务绑定。在形成合同或者订单后,监控科技中介机构提供配套服务质量,建立服务实施后评价机制,进而优化科技中介供应商目录,完善供应商评价体系。

## 10.3　平台核心资源规划

基于资源池构建与发展内容,元数据的检索与采集,运用相关算法模型对数据进行筛选和清洗,运用数据提取规则形成知识抽取,然后通过知识融合和知识展示,完成技术筛选,最终汇入资源池。知识图谱可以反映出技术、技术拥有者、技术应用方,以及技术链上下游,通过标识编码方式,将上述要素展现出来。以某项目技术筛选要素为例,可展现要素包括但不限于专家、代理人、成果、专利等,见表 10.1。

表 10.1　技术筛选要素样例

| 实 体 类 型 | 要 素 类 型 |
| --- | --- |
| 专家、代理人等 | 名称、所在地区、工作单位、研究领域 |
| 成果、专利 | 名称、所在地区、领域、发明人(申请人) |
| 企业、机构 | 名称、所在地区、法人、研究或经营领域 |
| 需求 | 名称、所在地区、创建者、需求领域 |
| 科研设备设施等配套资源 | 名称、所在地区、所有权人、所属领域 |

以上要素可在资源池中通过标识编码的方式入库,根据实际需求,进行抽取、融合、展示。资源池可以覆盖新能源、智能制造、新能源汽车、新材料、生物医药、新一代信息技术、新能源、节能环保等,具体核心资源要素类型见表10.2。

表 10.2　核心资源要素类型

| 序号 | 数 据 类 型 |
| --- | --- |
| 1 | 科技成果 |
| 2 | 企业数据(科技型中小企业、国家高新技术企业、上市公司) |
| 3 | 各类平台(国家级产业集群、基地、众创空间、孵化器等) |
| 4 | 专家人数 |
| 5 | 软著、专利、标准等 |

## 10.4　平台服务流程规划

分布式科技服务流程可以如图10.2所示进行规划。基于分布式资源共享和服务协同的科技服务平台,坚持以企业为主体,以需求为导向,以服务为核心的科技服务平台,平台按照企业化管理模式,委托技术经纪人对接供给侧、需求侧和资源侧。同时,平台运用区块链技术和发挥知识图谱等分布式数据优势,建立需求分析模型,找出产业实际需求,通过线下服务案例与资源提取清洗的协同比对,应用线上分析模型,运用与产业实际需求相适应的技术筛选工具,进而优化成系统解决方案,进一步推动技术成果的工程化应用和商业化推广,充分展示科技服务中介业务指导 SaaS 服务应用实例。

其中,科技服务中介(技术经纪人)的角色功能可以按照图10.3进行规划。

一是设计"人＋工具"为优势的分布式资源共享和服务协同的科技服务平台。分布式资源共享和服务协同的科技服务平台的核心优势是"人"＋"工具"。其中"人"是拥有一支业务

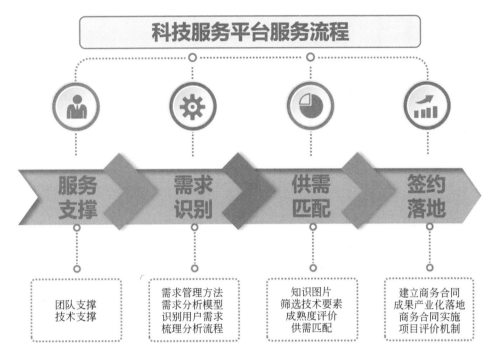

图 10.2　分布式科技服务流程

能力强、经验丰富的技术经理人团队，团队架构如图 10.4 所示；"方法"是指平台采用的知识图谱资源选取方法、需求分析方法、技术筛选方法、需求与供给匹配方法。这四大类方法工具为技术经理人团队提供服务和技术支撑。

二是进行需求分析模型指引的需求管理评价。运用需求管理方法，建立需求分析模型，进一步识别用户需求，同时梳理分析流程，形成需求管理评价机制基于知识图谱的供需智能匹配。运用基于知识图谱方法进行供需匹配，筛选服务资源，开展精准服务。

三是以高质量发展为目标的商务合同落地。以前端需求识别、技术筛选为基础，以重点实现产业化项目高质量发展为目标，通过建立商务合同，实现科技成果产业化落地，跟踪商务合同实施，建立项目后评价机制。

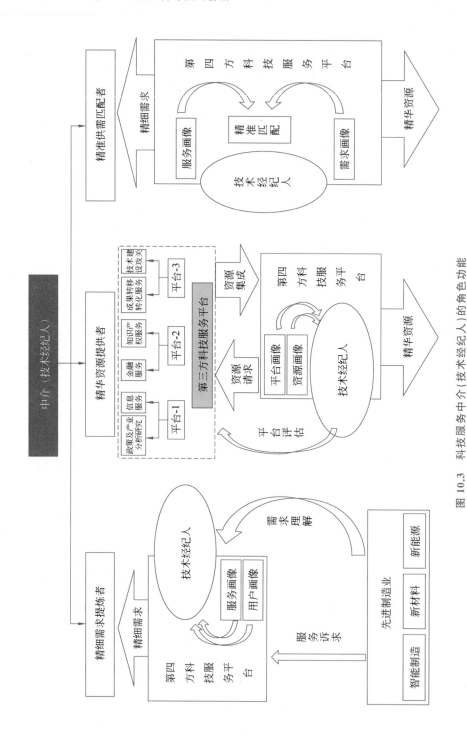

图10.3 科技服务中介（技术经纪人）的角色功能

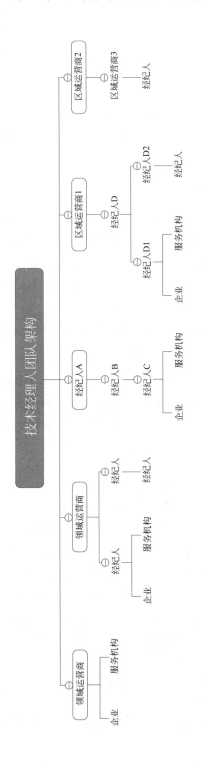

图 10.4　技术经理人团队架构(包含垂直领域＋区域)

# 10.5 平台运营模式设计

## 10.5.1 科技服务中介（技术经纪人）驱动模式

科技服务中介（技术经纪人）驱动模式，打造"以经纪人为核心"这一经营理念，构建"由经纪人打造，为经纪人服务"的成长、生产、盈利和文化（GPPC）四大系统。"以经纪人为核心"这句话，不应该简单理解为如何让经纪人个人有动力工作，而要理解为一家经纪企业应该建立什么样的经营系统，来帮助经纪人成功。科技服务平台面向各领域行业的技术经纪人，向经纪人们提供各类资源、平台，助力经纪人直接面向市场客户，快速拓展市场业务。

科技服务中介首先从先进制造业（智能制造、新材料及新能源）中根据用户画像或服务画像，对需求精细提炼，再将所提炼的需求提交至平台；科技服务中介帮助资源提供者针对用户需求萃取服务资源，然后将资源反馈至需求方或平台，帮助资源提供者提高服务资源的精准性；科技服务中介利用自身专业知识，结合供需双方的需要和资源，将供需双方精准匹配到一起，促成业务合作。广义上，经纪人可以由个人或团队组成。个人或团队经纪人拥有自身的服务空间。

## 10.5.2 服务空间（领域、区域）运营模式

服务空间（领域、区域）运营模式遵循"使用即服务"的理念。面对领域或区域运营商，形成各自的小后台。领域或区域运营商通过自己的平台做好营销、宣传等工作，而不用担心平台背后的资源供应商是谁。科技服务平台所能做的是把服务当成产品，由所有领域或区域运营商共享这些产品，在这些产品中选择自己该领域或地域所需要的产品并布置到自己的服务空间中。科技服务平台面向领域或区域运营商，向运营商提供各类资源、平台，助力运营商在某个或多个领域、地域内全力发挥自身的作用。

## 10.5.3 自有内容和第三方内容协同服务运营模式

内容运营模式是运营的重点之一，尤其近几年内容付费把内容运营推向新的高度，而内

容运营模式,也是可以快速帮助产品找到精准用户的模式,比如教育培训行业,会经常在知乎、天涯发布针对培训内容的干货文章解答相关问题,吸引粉丝关注。

### 10.5.4　基于第四方平台双循环运营模式

第四方科技服务平台是一个集成平台,它整合已有的第三方平台及其他组织机构的科技服务资源、能力和技术,引入科技服务中介(技术经纪人)角色,以构建并实施一个综合的先进制造企业与科技服务企业融合创新发展解决方案。

### 10.5.5　基于区块链的交易数据保全模式

基于区块链技术构建科技服务交易环境,能保证交易过程安全、可靠,实现交易追踪、过程监控、价值反馈等。在从需求方提出需求开始到服务结束对服务进行评价的整个服务流程中,利用区块链在智能合约中的应用,保证双方的交易是相互信任的,同时所有已经进行的交易都能被记录且不能篡改。

# 第 11 章

# 结束语

先进制造业是产业发展的制高点,也是衡量一个国家先进性的标尺之一。先进制造业的快速可持续发展,离不开科技服务业的赋能。先进制造业和科技服务业是相互促进、相互依存的关系。科技服务业可以为先进制造业提供技术创新和专业知识支持,帮助制造业提升产品附加值和技术含量,从而推动制造业向高端化、智能化、绿色化方向发展。同时,先进制造业也可以为科技服务业提供应用场景和市场需求,促进科技服务业向实际应用转化,从而提高科技服务业的发展质量和效益。因此,必须充分重视先进制造业和科技服务业深度融合,实现协同创新和协同发展。

## 11.1 强化先进制造业国家战略制定,重视国家高端专业智库建设

近年来,世界范围内经济竞争日趋激烈,地缘冲突频繁发生,大规模疫情席卷全球,气候环境形势严峻,使得制造业供应链稳定性遭受到严峻的挑战,驱动各国不断探索新科技来解决新问题。加之新一代人工智能、大数据分析、云计算技术、物联网、区块链等科技蓬勃发展,新型信息通信科技加速向各行业渗透,成为行业转型升级新动力。毫无疑问,科技服务作为科技与产业之间的黏合剂,持续推动本轮科技革命和产业变革加速发展。美国、日本、韩国等各国积极制定并发布先进制造业国家战略,完善自身产业链。我国也必须从国家战略层面重视科技服务在先进制造业发展过程中的地位和作用,积极构建有利于先进制造业科技服务发展的良好政策环境,打造先进制造业与科技服务业之间的桥梁和纽带,同时要积极建立跨部门协作机制,积极发挥国家专业智库的作用,加大先进制造业、科技服务业以及管理科学研究力度,提高国家战略的制定与管理能力,及时确定国家战略,并坚定不移贯彻

实施。建立以国家战略为导向的先进制造业科技服务协同体系,实现供需智能化精准对接。

　　尽管目前各类公共科技服务平台对促进信息技术资源共享、推动服务对接与互动、促进中小企业技术创新和行业发展等起了重要作用,但在科技服务资源方面仍然不能完全满足行业技术创新与要素市场的升级需求,科技服务资源分散,服务内容粗放,服务形态单调,成熟科技成果无人问津与市场需求“求助无门”并存。同时,科技服务业的粗放化管理模式使得对科技服务跟踪管理工作的重视度不足甚至缺位,抑制了服务水平的提升,制约着服务质量的提高,同时也造成服务效果评价无法有效进行。当缺少有效的监督与管理机制时,平台运营内的各类企业参与积极性不足、科技中介服务机构规模化效益不明显的现象便更加突出,以及在缺乏市场化的运作模式和效益激励机制的影响下,一定程度上对科技服务资源的聚集、效益的提高造成了严重影响。

　　积极研究科技服务开放互联、众智协同的内生动力产生原理,探索跨域、跨平台科技服务生长、协同与自适应演化机制,解决好先进制造业价值链协同中的多维度、多层次、多样化的智能化需求与服务匹配、价值分配等问题,构建先进制造业科技服务协同生态体系。积极部署并实施面向国家战略的供需协同生态共建模式和中介(技术经理人)驱动的先进制造业科技服务平台双循环运营发展模式,打造先进制造业科技服务平台双循环系统,发挥技术经理人的积极主动性,为不同先进制造企业和科技服务企业搭建促进其高效融合发展的桥梁,促进我国先进制造业产业结构由技术与市场两头在外的外循环模式向技术发端国内的双循环模式转变,进而形成墙内开花墙内墙外两头香的局面。

## 11.2　强化科技服务工具自主研发与供给,打破核心技术空心化魔咒

　　加快信息通信业发展步伐,积极部署人工智能、云计算、大数据、物联网、区块链等新一代信息通信技术。当前全球经济发展的不确定性因素显著增加,在全球遭受新冠疫情影响的背景下,气候环境、地缘冲突等问题进一步干扰了正常的投资、贸易等经济活动。芯片、高端传感器、基础软件和工业软件都掌握在美国等西方阵营手中,在美国的长臂管辖之下,中国难以获得这些货物供应。因此,我国必须实现科技服务工具的自主研发与供给,才能打破核心技术空心化魔咒。

遵循信息化、数字化的发展规律和路径,学习国际先进基础软件的先进经验,积极吸收国内外 STEAM(即科学、技术、工程、艺术、数学)领域的优秀研究成果,研发先进制造业下一代软件工具,为先进制造业未来的发展提供支撑。加大通用性基础软件与硬件、设备与系统的研发力度,构建操作系统、数据库、办公自动化系统、云计算、大数据、人工智能等基础软件和平台的自给自足、自主可控能力,以"卡脖子"技术和产品为切入点,深入推动 CAD、CAE、EDA、MES 等先进制造业行业软件的供给能力建设,为当代先进制造业提供安全可靠的科技服务工具,提高科技服务业支撑能力,并为先进制造业发展奠定坚实的基础,促进先进制造业与科技服务业融合发展。

## 11.3　强化科技服务平台建设,打造科技服务大脑

虽然我国科技服务平台建设取得了较大进步,但目前国内科技服务平台的建设仍以依托地域、行业等独立系统为主。这些系统的业务服务规模受限、服务需求难以匹配、一站式服务提供能力缺乏,而且有很多平台系统的科技服务子系统也相对独立存在,"孤岛"问题普遍存在,造成一些服务场景中,系统内的供需双方之间信息沟通能力弱、反馈能力较差,只能提供农业、制造、医疗、纺织、电力等特定行业或特定方向的服务业务应用,不能根据企业整体科技发展需要进行服务产品交叉化、集成化、集约化、协同化,不仅造成大量科技服务资源虚置,其自身也难以规模化发展,整体服务效能极度低下,无法满足行业企业科技创新的个性化、深层次、高质量的服务需求。因此,迫切需要在行业科技服务平台的基础上,建立起跨行业、跨区域、跨平台的第四方综合性先进制造业科技服务平台,利用人工智能、云计算、大数据、区块链等新一代信息通信技术,打造先进制造业科技服务大脑,实现先进制造业与科技服务业之间的精准供需匹配,切实提高先进制造业与科技服务业的竞争硬实力。

## 11.4　发展先进制造业科技服务网络,构建协同生态体系

在科技竞争白热化、技术结构多样化、科技需求复杂化的今天,科技服务的发展水平越

来越成为一个关键的因素,用以衡量一个国家或地区的经济发展水平、社会发展程度。因此,需要在深度推进先进制造业与科技服务业深度融合的基础上,积极吸收美国、德国等发达国家的科技服务网络建设经验,总结我国前期科技基础条件平台建设经验,针对先进制造业科技服务发展需求,综合利用政策、财政、资本、税收等相关工具,以先进制造业科技服务龙头企事业单位为核心,整合政产学研用优势资源,建设政府指导下的先进制造业科技服务平台。但是,仅靠单个行业机构或专业平台已经很难保质保量地完成综合性、系统性、交叉性的科技服务任务,必须逐步将这些科技服务平台有机地联系起来,打造政府指导下的有序分工、紧密合作、协同服务的先进制造业的科技服务协同网络,为先进制造业提供系统、全面、综合性科技服务,全面提升我国先进制造业的科技创新能力。得益于新一代信息通信技术的发展,科技服务大脑系统可以实现跨机构、跨区域、跨行业科技服务的一体化协同、一站式服务,并实现科技服务的资源交叉融合、供需精准匹配,能够为先进制造业科技服务协同网络建设提供技术基础。

## 11.5 加大交叉型人才培养力度,提供良好的发展环境和成长空间

先进制造业具有技术先进、知识密集、成长性高、带动性强等特征,其发展有赖于大量专业化、聚集化、链条化、个性化的科技服务。发达国家之所以发达,其发达的科技服务业是主要因素之一,包括良好的先进制造业政策服务环境,以及领先全球的先进制造业科技服务工具及其核心技术。在良好的环境、完善的科技服务体系、先进的服务工具和技术的加持下,发达国家毫无异议地占有了高额的制造业增加值。先进制造业科技服务领域属于典型的交叉型领域,需要有国家级高端专业智库的支撑,配备既知晓先进制造业,又了解科技服务业的交叉型高级人才,并为这些交叉型人才提供良好的发展环境和成长空间。

# 参 考 文 献

[1] 谢惠芳."互联网＋"背景下科技服务业发展趋势分析[J].科技创新发展战略研究,2017,1(2):10-13.

[2] 何钰,刘家强,郭玉洁,等.人工智能背景下科技服务业发展研究[J].科技创业月刊,2022,35(1): 92-97.

[3] 谢宝瑜.第六讲 生物群落的结构、演替及其多样性分析[J].北京农业科学,1983(6):46-51.

[4] 邓丽姝.科技服务业支撑现代产业体系建设的路径创新[J].生产力研究,2022(3):14-20.DOI:10. 19374/j.cnki.14-1145/f.2022.03.001.

[5] 张清正,李国平.中国科技服务业集聚发展及影响因素研究[J].中国软科学,2015,295(7):75-93.

[6] 姚锡凡,张存吉,张剑铭.制造物联网技术[M].武汉:华中科技大学出版社,2018.

[7] 王成林,郝冰洁,许慧,等.政府和企业融合的物流务联网服务模式[J].供应链管理,2021,2(6): 94-108.

[8] 陈德人.基于务联网的云服务平台:新一代现代教育公共服务体系架构[J].中国远程教育(综合版), 2011(10):6-8.

[9] 林汉川、郭巍.国内外先进制造业界定研究与评述[EB/OL].https://wenku.baidu.com/view/ b9544053f242336c1eb95e99.html.

[10] 曲国强.先进制造业发展模式研究[J].现代经济信息,2016,6:118-122.

[11] 秦叶,张楚,邓修权.面向先进制造业的科技服务平台发展成效评价指标研究[J].信息通信技术与政 策,2021,47(5):37-42.

[12] 高思芃,姜红,张絮.区域科技资源协同度发展趋势及生态化治理机制研究[J].科技进步与对策, 2020,37(17):36-45.

[13] 贺毅,李炜.基于分布式资源共享和服务协同的科技服务平台发展要素研究[J].仪器仪表标准化与 计量,2021(6):5-6,10.

[14] 赵隆华,侯瑞.大数据下区域科技资源共享型智能服务平台模式研究[J].科学管理研究,2021,39 (2):86-91.DOI:10.19445/j.cnki.15-1103/g3.2021.02.013.

[15] 徐贵宝,国际先进制造业科技服务融合发展模式与效果分析[J].信息通信技术与政策,2021,47 (5):43-48.

[16] 贺毅,李炜.基于先进制造业产业链生态的科技服务发展模式研究[J].高科技与产业化,2022(313): 60-63.

[17] 袁勇,王飞跃.区块链技术发展现状与展望[J].自动化学报,2016,42(4):14.

[18] 韩璇,刘亚敏.区块链技术中的共识机制研究[J].信息网络安全,2017(9):6.

［19］ 徐贵宝,浅析科技服务大脑系统[J].互联网天地,2022(10)：52-57.

［20］ 李纲,孙杰,夏义堃.我国科技服务与产业协同发展的实践演进、建设成效与经验启示[J/OL].科学观察：1-8[2022-05-09].DOI：10.15978/j.cnki.1673-5668.202203001.

［21］ 戴伟辉.基于广义生态群落的智慧城市发展模式[J].上海城市管理,2013,22(6)：33-37.

［22］ 李北伟,靖继鹏,王俊敏,等.信息生态群落演化机理研究[J].图书情报工作,2010,54(10)：6-10.

［23］ 徐贵宝,电信科技基础条件平台建设的探讨[J].当代通信,2005(14)：54-55.

［24］ 国务院发展研究中心企业研究所"激发创新主体的活力"课题组,美国制造业创新中心的运作模式与启示[J].发展研究,2017(2)：4-7.